BASICS of COPPER

銅のはなし

吉村泰治 著
Yasuharu Yoshimura

技報堂出版

はじめに

銅は、人類が最初に手にした金属と言われており、古代から現代までそれぞれの時代で重要な役割を果たしてきました。近年、この歴史ある銅を取り巻く環境が著しく変化しています。具体的には、中国の経済発展に伴う電力インフラ拡大や電気自動車の普及による銅需要の急激な増大、投機資金流入による銅原材料の銅地金価格の乱高下、中国への銅の割合が低い電線屑などのスクラップ品の輸入禁止への動き、コスト削減や軽量化対応による銅からアルミニウムへの代替の加速などです。

本書では、特に次頁の表に示した板、条、管、棒、線の形状に塑性加工で造られる伸銅品（しんどうひん）を対象とし、その歴史から製造・加工方法、銅合金の種類と特性、身近な用途まで、銅および銅合金に関する一連の内容を学ぶことができるように構成しました。できるだけ読みやすさとわかりやすさを重視するために図表を多く用いて、元素記号は合金組成や化学式を示すときのみに使用し、合金組成は重量%としました。また、本書が単なる銅および銅合金の解説書にならない

伸銅品の種類

伸銅品の種類		定　義
板		0.1mm 以上の均一な肉厚で、長方形断面を持ち、シャーまたはのこ切断された平板で供給される圧延製品
条		0.1mm 以上の均一な肉厚で、長方形断面を持ち、スリットされたコイル形状で供給される圧延製品
管		全長にわたって均一な断面形状と肉厚を持ち、真っすぐな状態またはコイル形状で供給される中空の展伸材
棒		全長にわたって均一な断面を持ち、真っすぐな状態で供給される中実で、断面形状が、丸形、正六角形、正方形および長方形のもの
線		全長にわたって均一な断面を持ち、コイル形状で供給される中実で、断面形状が、丸形、正六角形、正方形および長方形のもの

ように、もう1つの非鉄金属代表であるアルミニウムおよびアルミニウム合金との比較を心掛けました。具体的には、

第1章では、古代から現在における人類の銅との関わり、
第2章では、銅鉱石からの銅の製造方法、
第3章では、銅および銅合金の加工方法、
第4章では、銅および銅合金の表面処理方法、
第5章では、純銅の種類と特徴、
第6章では、歴史ある銅合金である黄銅と青銅の種類と特徴、
第7章では、耐食性や強度、超弾性など特性が際立った銅合金、
第8章では、銅および銅合金が主役として活躍する用途、
第9章では、銅が脇役として活躍する用途、

について、全60項目で解説するとともに、各章末には銅に関連するトピックスをコラムとして取り上げました。

本書の対象とする読者は、初めて銅および銅合金について学ぼうと考えている方としています。例えば、理工系大学・高専を目指す学生や現役の理工系大学生、金属を取り扱う材料・加工メー

カー技術者や商社担当者、さらには、金属材料をはじめとする材料科学に興味を持つ方です。
最後に、本書の発刊にあたり、技報堂出版株式会社の伊藤大樹氏には大変お世話になりました。ここに深く感謝申し上げます。

２０１９年７月

吉村　泰治

contents

目次

はじめに……i

第1章 銅の歴史

1 人類と銅の歴史……2
2 日本における銅の歴史……4
3 銅鉱石の埋蔵量と生産量……6
4 世界の銅地金生産量と消費量……8
5 日本の銅地金生産量と消費量……10
コラム1 新興国需要による銅価格の乱高下……12

6　銅鉱物の種類……16
7　銅地金の製造方法……19
8　銅鉱石の分離と選別……21
9　精鉱の製錬と粗銅の精錬……22
コラム2　今、都市鉱山に期待が集まる!……25

第3章　銅および銅合金の加工方法

10　溶　解 ―金属を固体から液体に変化させる……28
11　鋳　造 ―液体の金属を鋳型に流し込んで固める……31
12　圧　延 ―ロールで薄く延ばす……35
13　押　出 ―穴の開いた金型から押出して さまざまな断面形状の長尺材をつくる……37
14　伸線・引抜 ―穴の開いた金型から引き抜いて さまざまな断面形状の長尺材をつくる……39
15　鍛　造 ―金型を用いて成形および鍛錬を行う……41
16　絞り・張出し ―金型を用いて継ぎ目のない 中空のくぼみをつくる……44

17 熱処理—加熱・冷却して金属の特性を改善する……46
18 接合—2つ以上の物をくっ付けて一体化させる……49
19 切削—工具を使用して不要部分を除去……51
20 粉末冶金—金属粉末を圧縮・焼結し加工する……53
コラム3 金属に形状付与する塑性加工技術……54

第4章 銅および銅合金の表面処理方法

21 前処理—汚れや錆などの異物を取り除く……56
22 化成処理—化学反応で表面に皮膜を生成させる……58
23 無電解めっき—電気を使用せずに金属表面にめっきを行う……60
24 電解めっき—電気を使用して金属表面にめっきを行う……61
25 防錆処理—溶液に浸し錆を防止するための皮膜をつくる……63
コラム4 受け継がれる高岡銅器の着色技法……65

第5章 純銅の種類と特徴

26 純銅の種類 ―「タフピッチ銅」「リン脱酸銅」「無酸素銅」の3つに分けられる……68
27 密度―銅の密度はアルミニウムより大きく軽量化にはアルミニウムのほうが有利……70
28 加工性―銅のほうがアルミニウムより加工性が優れている……71
29 導電性―銅は銀に次いで電気を伝えやすく、電線や電子機器部品に使用されている……73
30 熱伝導性―銅は電気だけでなく熱も伝えやすく、熱交換機やエアコンに使用されている……74
31 耐食性―銅は耐食性にも優れ屋根や雨どいに使用されている……76
32 有色性―銅は亜鉛を添加することで赤銅色から黄金色へと色が変化する……78
33 殺菌性―銅は菌の働きを抑える、もしくは死滅させる……80
34 銅の強み、弱みは？ ―銅はあらゆる面ですぐれた金属だが軽量化やコスト削減には向かない……81
コラム 5 緑青の誤解……83

第6章 黄銅と青銅の種類と特徴

35 黄銅と青銅の種類 —添加する金属の種類と量により分けられる……86
36 物理的性質 —黄銅と青銅の密度、導電率、熱伝導率……89
37 化学的性質 —黄銅と青銅の環境による腐食のしやすさ……93
38 機械的性質 —黄銅と青銅の引張強度と伸び……95
コラム 6 兵隊さんも困った!? 薬きょうの応力腐食割れ……98

第7章 特性の際立った銅合金

39 海水に強い! Cu-Ni合金……100
40 抗菌作用があり変色しにくい! Cu-Zn-Ni合金……101
41 導電材料で活躍! Cu-Ni-Si合金……103
42 強いぞ! Cu-Ti合金……104
43 形状記憶合金・超弾性合金 Cu-Al-Mn合金……105
44 環境に優しい! Cu-Zn-Si合金……106
コラム 7 金・銀・銅の共通点……107

第8章 主役として活躍する用途

45 電　線 ―銅の重要な用途の1つ …… 110
46 電子機器部品 ―高強度と高導電性が求められる …… 111
47 硬　貨 ―1円硬貨以外はいずれも銅合金 …… 113
48 キッチン用品 ―優れた熱伝導度で料理を美味しく …… 115
49 楽　器 ―ブラスバンドのブラスとは黄銅のこと …… 116
50 街を飾る銅製品 ―キャラクター銅像の多くは富山県高岡市で作られている …… 118
51 水栓金具・バルブ ―銅の優れた加工性で複雑な形状を実現 …… 120
52 鍵と錠 ―作り直しができるほうを摩耗しやすくしている …… 122
コラム8 どうしてお寺とチャペルの鐘の音は違うの？ …… 124

第9章 脇役として活躍する用途

53 軽くて強いジュラルミン …… 126
54 柔らかい色合いのピンクゴールド …… 129
55 厳かに光り輝く金箔 …… 132
56 加工しやすいステンレス鋼 …… 134
57 おもちゃに大活躍！ 亜鉛合金 …… 137
58 電子機器に欠かせない鉛フリーはんだ …… 140
59 黒子として活躍する下地銅めっき …… 142
60 振動を制御するマンガン合金 …… 143
コラム 9 銅とチョコレート …… 144

おわりに …… 145
参考文献 …… 146

第1章

銅の歴史

1　人類と銅の歴史

人類は、その進化とともに使う道具を進歩させてきた。**紀元前８０００年から７０００年ごろ**の新石器時代には、石でできた斧や矢じりを道具として使用していた。ちょうどそのころ人類は、ほぼ純粋な銅を主成分とする**自然銅**（図１）**を偶然発見**したと言われており、これが人類の金属、すなわち銅との最初の出会いである。実際、チャタル・ヒュユク遺跡（トルコ）では、紀元前７０００年ごろの層から自然銅を用いて成形した装飾品が出土されている。

紀元前６０００年ごろには、銅鉱物の**孔雀石や藍銅鉱**（らんどうこう）が西アジアのメソポタミア地域で**発見**され、加熱された炉壁から金属が遊離するなどの偶然の出来事から、**銅鉱石から銅を分離する技術**が次第に確立されていった。

紀元前４０００年ごろのエジプト、メソポタミア文明では、銅が使用されていたことが知られており、**銅を鋳造して形作られた工具や容器、武器・装身具**などが発見されている。銅鉱石から銅を製錬する方法は、紀元前４０００年代末に発見され、銅に錫（すず）を添加した青銅もほぼ同じ

図１　自然銅

ころから使用されている。実際、紀元前３８００年ごろのシナイ半島において、スネフル王（古代エジプト）によって銅鉱石が採掘されたという記録や、溶けた金属を入れる容器のるつぼも発見されており、当時、銅製錬技術があったことが証明されている。**西暦紀元前後**には、**ローマ人**は銅に**亜鉛鉱石を加えて溶解**することによって深黄色の合金、いわゆる**黄銅が得られる**ことを発見した。亜鉛鉱石であるカラミンを使ったことから、得られた黄銅をカラミンブラスと呼び、貨幣に使用した。

このように、人類の銅の活用は、最初は自然銅の成形から始まり、次に自然銅の溶解、鋳造、銅鉱石から銅の製錬、錫や亜鉛との合金化というステップを踏んでいったと考えられている。一方、銅と同様に非鉄金属の代表である**アルミニウム**は、その存在が推定されたのは**18世紀末**、金属として取り出すことに成功したのは１８２５年と言われており、銅の歴史の長さを改めて感じる。

2　日本における銅の歴史

日本における銅の歴史は、**紀元前３００年ごろ**中国大陸からもたらされた青銅器から始まった。当時の日本は、**中国で作られた青銅器を再溶解**、**鋳造**して、**銅剣**や**銅鐸**、**銅鏡**などを作っていたようだ。日本における銅および青銅の利用は時代とともに拡大していき、仏教が伝来した５３８年以降は**仏像**や**梵鐘**が鋳造されるようになった。ただ、これらの原材料はすべて輸入されていた。

国内で**銅鉱石が初めて産出**されたのは**６９８年**で、現在の鳥取県である因幡国が銅鉱山を朝廷へ献上したと伝えられている。**７０８年**には武蔵国秩父から献上された銅を用いて**和同開珎**という貨幣が作られ、年号も和銅と改められた。埼玉県秩父市にある聖神社には、御神体として当時の自然銅が祭られている。以降、青銅の仏像や仏具・工芸品が盛んに作られ、**７４９年**の**東大寺大仏**の建立によって、銅の製錬・鋳造加工技術は著しい進歩を果たした。さらに、**１２５２年**には**鎌倉大仏**も建立された。

江戸時代に入ると、１６１０年の足尾銅山、１６９０年の別子銅山など**数多くの銅鉱山が発見**され、１７００年代には日本の**銅生産量**が約６０００トンと**世界一**になり、長崎から**銅が輸出**されるまでになった。このころの銅の加工は、水車の動力や手打ち伸銅（しんどう）と呼ばれる手加工であった。

明治時代になると、**海外からの技術導入**により銅鉱山の開発や製錬技術が進化し、また近代設備により機械化された伸銅工業が始まり、例えば、１８７０年には大阪造幣局で**蒸気機関を用いたロール圧延**（あつえん）が開始された。その後の銅の用途は、青銅から導電材料へと変化していき、現在に至っている。

3　銅鉱石の埋蔵量と生産量

地表から深さ約16キロメートルまでの**地殻に存在する元素の量を重量百分率で示したもの**を「**クラーク数**」と呼ぶ。**表1**に主な元素のクラーク数を示す。一番クラーク数の高い元素は酸素の49・5％、2位がシリコンの25・8％、3位がアルミニウムの7・56％、4位が鉄の4・70％である。銅のクラーク数は0・007％の25位で、アルミニウムの約千分の一であり、アルミニウムと比べて**銅の地殻に存在する割合は非常にわずか**である。

図2は、世界における銅鉱石埋蔵量の割合を示す。**銅は世界中に広く分散**しており、2016年の世界の銅鉱石埋蔵量は約7・2億トンである。埋蔵量の約3割は南米のチリに分布しており、その量は約2・1億トンである。2位はオーストラリアで約0・

表1　主な元素のクラーク数

	元素	クラーク数
1	酸素	49.5
2	シリコン	25.8
3	アルミニウム	7.56
4	鉄	4.70
・ ・ ・	・ ・ ・	・ ・ ・
25	銅	7×10^{-3}

９億トン、３位はペルーで約０・８億トン、４位はメキシコで約０・５億トンである。

図３は、世界における銅鉱石の生産量を示す。**世界の銅鉱石生産量は年々増加**しており、具体的には２００１年の約１３８０万トンが２０１６年には約２０４０万トンへと、15年間で約１・５倍になった。２０１６年国別の銅鉱石生産量は、１位がチリで約５６０万トン、２位がペルーで約２４０万トン、３位は中国の約１９０万トンである。２００１年から２０１６年までの15年間で、ペルーと中国が銅鉱石の生産量を大きく伸ばしている。

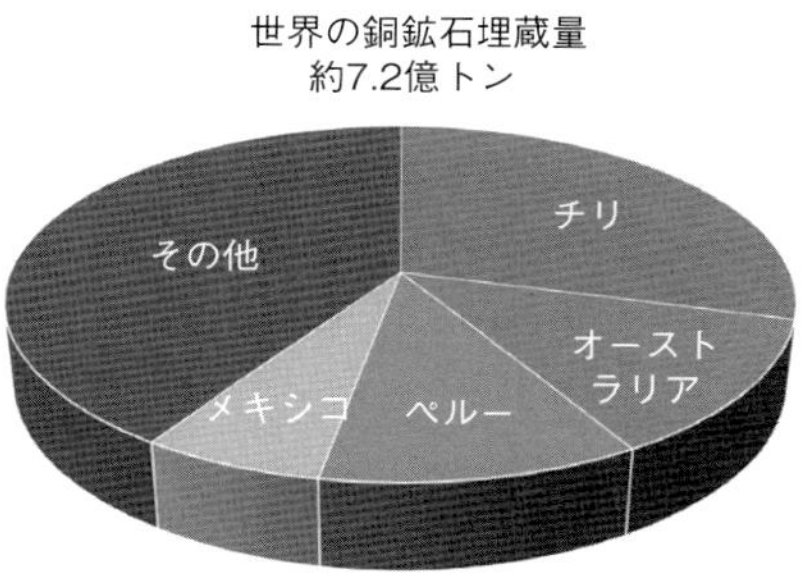

図２　世界の銅鉱石埋蔵量の割合

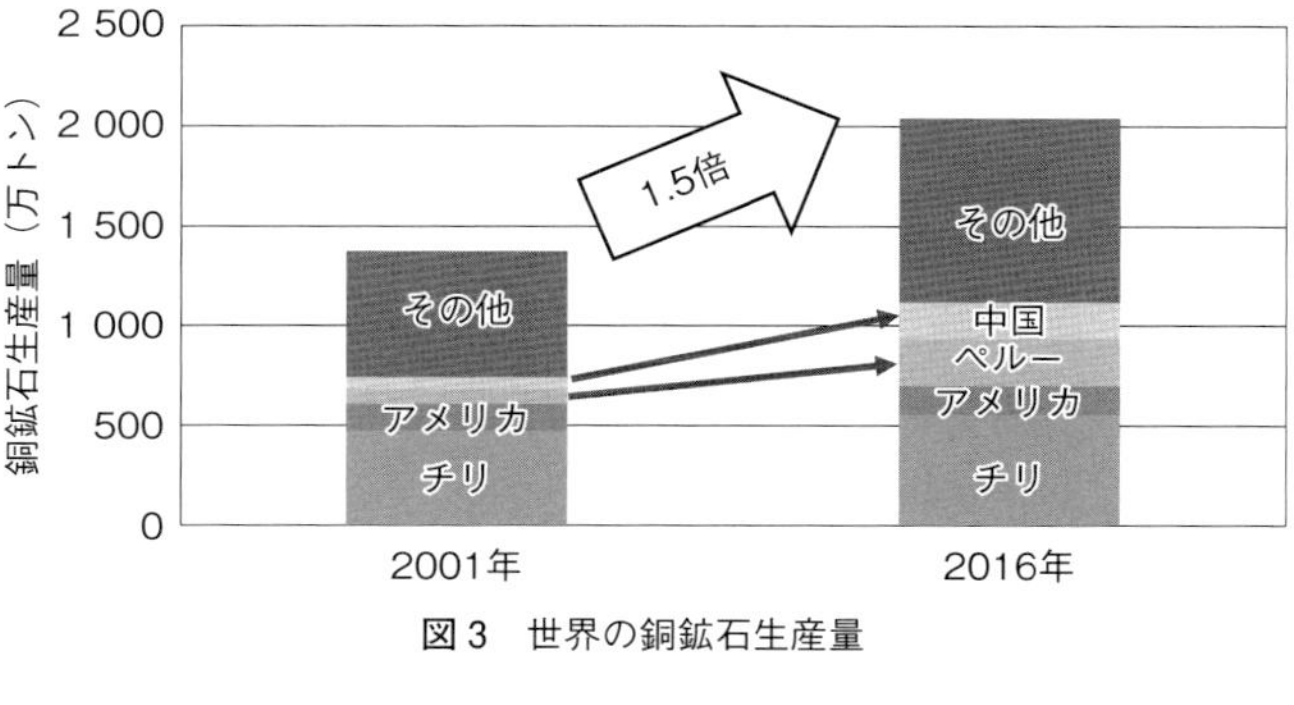

図３　世界の銅鉱石生産量

4　世界の銅地金生産量と消費量

図4は、銅鉱石を製錬して得られる世界の銅地金生産量を示す。**世界の銅地金生産量は年々増加**しており、具体的には2001年の約1570万トンが2016年には約2330万トンへと、15年間で約1・5倍になった。2016年における国別の銅地金生産量は、1位が中国で約840万トン、2位がチリで約260万トン、3位は日本の約150万トンである。2001年から2016年までの15年間で、中国の銅地金生産量の増加が激しい。**中国の銅地金生産の世界シェア**は、2006年にチリを抜いて**世界第1位**となり、その後も年々その生産量を伸ばし、現在では中国が世界の36％の銅地金生産国となっている。

このような世界の銅地金生産量に対して、**図5**は、世界の銅地金消費量を示す。**世界の銅地金消費量も年々増加**しており、具体的には2001年の約1470万トンが2016年には約2330万トンへと、15年間で約1・5倍になった。**最も銅地金消費量が多いのは中国**で、2001年の約230万トンが2016年には1160万トンと、約6倍弱伸びている。また、中

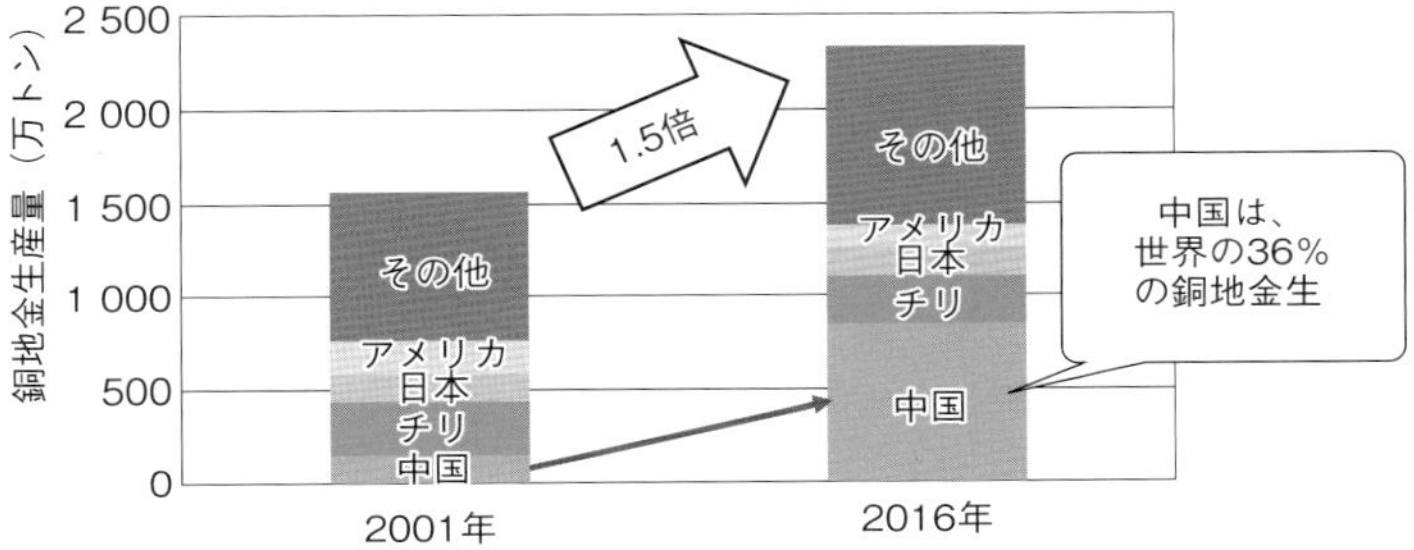

図４　世界の銅地金生産量

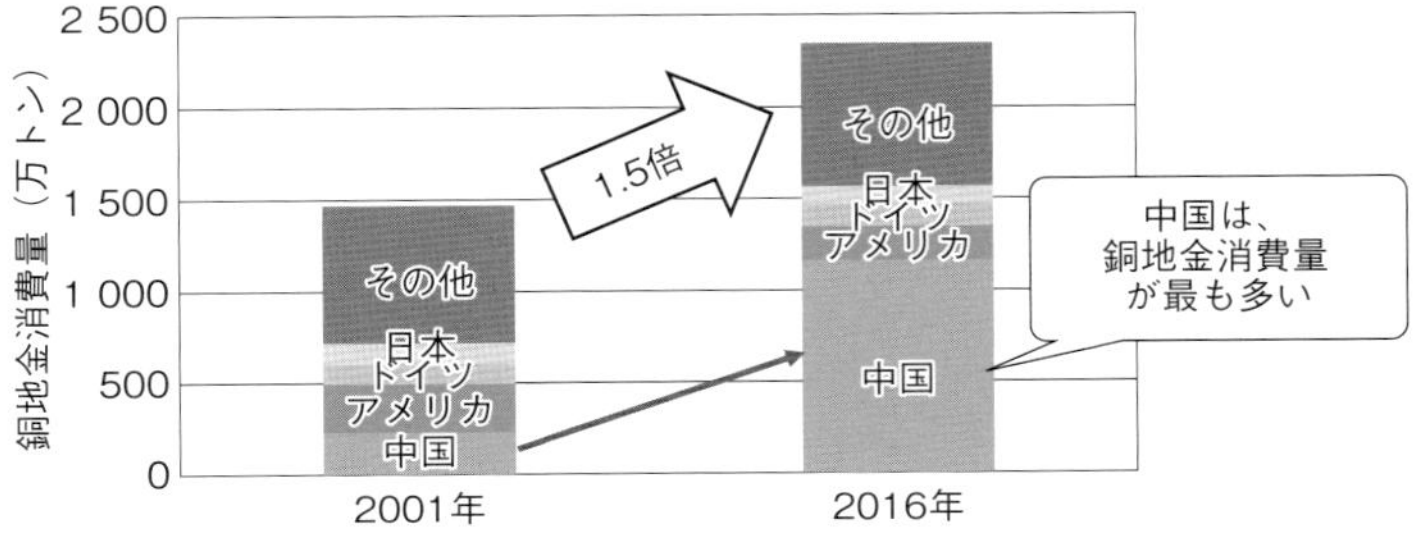

図５　世界の銅地金消費量

国の銅地金消費量は、自国の銅地金生産量を超えていることから、銅地金の輸入を推進している。中国の電気銅（電解精錬によって得られる銅）輸入相手国の１位は継続的にチリであり、２位は２０１０年までは日本であったが、２０１１年からはインドやオーストラリアになってきている。

　今後の**電気自動車の増加**に伴い、世界の**銅消費量はますます増加**していくと予想される。そのために、既存銅鉱山の深部化に伴う銅鉱石品位低下や、新規の不純物含有銅鉱山開発に伴う銅鉱石中の鉄や硫黄、ヒ素などへの不純物対応が、今後の技術課題となっていくであろう。

5　日本の銅地金生産量と消費量

1700年代には**日本の銅地金生産量**が約6000トンと**世界一**になり、長崎から**銅が輸出**されたように、かつての日本では、銅鉱石を採掘し国内の銅鉱石で銅地金を生産していた。その後の国内の銅地金需要の増加に伴い、海外から銅鉱石を輸入するようになり、経済性の観点から、**1994年**の数多くの有用な金属を含む黒鉱型銅鉱山の採掘終了とともに、**国内の銅鉱山がすべて閉山**した。それ以降、日本は海外から銅鉱石を輸入し、**図6**に示す**国内7拠点の銅精錬所**にて銅地金を製造している（2018年12月現在）。

日本の銅鉱石の輸入量は、2004年に約127万トン、2016年に約128・5万トンであり、あまり顕著に増加していない。その輸入相手国はチリで全体の45％である。これらの輸入した銅鉱石およびスクラップなどのリサイクル材を原材料した銅地金生産量は、2004年に約138万トン、2016年に約155万トンであり、**リサイクル材を原材料した銅地金生産量の割合が増加傾向**にある。

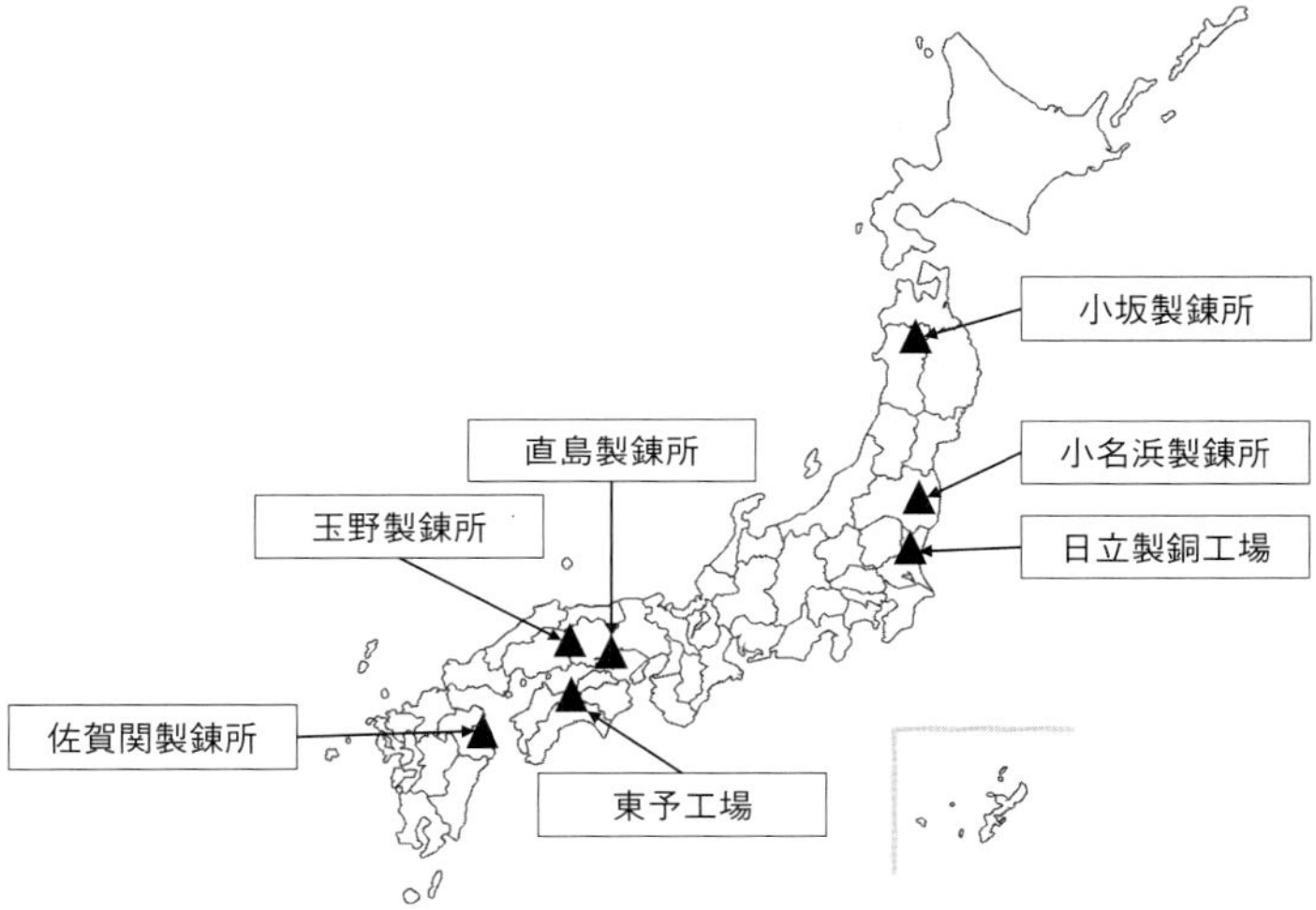

図６　国内７拠点の銅精錬所

日本国内の電気銅需要量は、電線分野で２００４年の75・9万トンから２０１６年の59・2万トンに、伸銅分野で２００４年の44・6万トンから２０１６年の32・5万トンに、国内需要合計は２００４年の１２９・9万トンから２０１６年の93・7万トンに**減少**している。

コラム 1

新興国需要による銅価格の乱高下

銅は鉄鋼と同様に基礎資材であるため、銅の使用量は経済発展と密接な関係があります。具体的には、経済発展による工場や住宅などの増加に伴う電気使用量増大に対応するために発電設備が増設されて、その結果、電力を供給する銅線が必要となる、という理屈です。例えば、中国のめざましい経済発展に伴って、中国における銅の需要が著しく増加しており、例えば、2000年から2015年における中国の電線向け銅地金消費量の割合は全体の約40～50%程度と言われています。

金、銀、銅をはじめとする金属価格は、ロンドン金属取引所（London Metal Exchange）が発表する公式価格を指標としています。2005年以降、中国の急激な需要拡大と投機資金の流入に伴って、LME銅価格が高騰しました。その後、2008年の世界金融危機により急落した後にV字回復し、それから長い下落傾向が続きました。その後、2016年11月から再び高騰しています。LME銅価格の推移は、2005年ごろまでは価格と需給の相関関係が見られましたが、2008年の世界金融危機以降は価格の上昇と在庫の増加が同時に起こる現象が見られるようになり、これは投機資金の流入により世界の景気動向も価格に影響するようになったためと言われています。このように銅価格は、従来までの経済発展による需給だけでなく、投機資金の流入による景気動向の影響を受けるようになりました。

今後の電気自動車の急速な普及により、銅の需要増加が大幅に増加すると推測されており、引き続き、銅価格の推移に注視していく必要がありそうです。

第2章

銅鉱石から銅の生産方法

6 銅鉱物の種類

表2　主な銅鉱物の化学成分

主要な銅鉱物	化学成分
自然銅	Cu
黄銅鉱	$CuFeS_2$
輝銅鉱	Cu_2S
斑銅鉱	Cu_5FeS_4
孔雀石	$Cu_2CO_3(OH)_2$
赤銅鉱	Cu_2O
藍銅鉱	$2Cu_3(CO_3)_2(OH)_2$

これまでに**約160種の銅鉱物が発見**されており、その中で銅鉱物として工業的に取り扱うことのできるものは約40種程度と言われている。主な銅鉱物の化学組成を**表2**に示す。地殻の内部で生成された銅鉱床の多くは、マグマから直接できた初成鉱物として銅の硫化鉱物であり、例外として自然銅も含まれている。一方、鉱床が露天掘り（後述）で露天化作用を受けると、地表部で銅の酸塩類・ハロゲン化物の種々の鉱物が生成し、銅鉱物は二次鉱物へと変化する。以下に、主要な銅鉱物である「黄銅鉱」「輝銅鉱」「孔雀石」「藍銅鉱」を紹介する。

「**黄銅鉱**」はカルコパイライトとも呼ばれ、化学組成$CuFeS_2$で表される。黄銅鉱は重要な銅の鉱石鉱物の1つであり、微量の金、銀、錫、亜鉛などを含み、少量のニッケルやセレンを含むものもある。黄銅鉱の色は普通、真鍮色である（**図7**）。

「**輝銅鉱**」はカルコサイトとも呼ばれ、化学組成はCu_2Sで表される。輝銅鉱から比較的容易に硫黄と分離して銅を取り出すことができることから、古くからの銅の重要な銅鉱物として知られている（**図8**）。

図７　黄銅鉱

図８　輝銅鉱

図９　孔雀石

図10　藍銅鉱

「**孔雀石**」はマラカイトとも呼ばれ、化学組成は$Cu_2CO_3(OH)_2$であり、後述する緑青の主成分と同じである。一次鉱物の黄銅鉱が大気中で風化し、生成した二次鉱物である（**図9**）。なお、孔雀石は緑青色の岩絵具に用いられている。

「**藍銅鉱**」はアズライトとも呼ばれ、化学組成は$2Cu_3(CO_3)_2(OH)_2$で表される。銅の代表的な二次鉱物の1つであり、銅鉱床の風化帯で産出される（**図10**）。藍銅鉱は、孔雀石と同様に群青色の岩絵具に用いられている。

7 銅地金の製造方法

図 11　露天掘り（出典：ウィキペディア）
画像ファイル：Udachnaya pipe.JPG　作者：Stepanovas

銅は、金や銀と同様に、ほぼ純粋な金属を主成分とする自然銅として産出する場合もあるが、地殻の内部で生成された銅鉱床の多くは銅の硫化鉱物からなっている。このような**地殻を構成する鉱物**で、経済的に成立する有価鉱物を含む鉱物混合体を「**鉱石**」と呼ぶ。

銅鉱石の採鉱方法は２つの方法がある。１つは地表から坑道を掘って鉱石を採鉱する「**坑内掘り**」、もう１つは**図11**に示すような坑道を作らずに直接地表から地下に向けて渦を描きながら鉱石を採鉱する「**露天掘り**」である。

坑内掘りや露天掘りで採鉱された銅鉱石は選鉱場にて粉砕・磨鉱・選鉱（8を参照）されて、「**精鉱**」と呼ばれる

有用な鉱石と、岩石などの不要物に分離される。選鉱された精鉱は、さらに製錬・精錬工程（9を参照）にて銅に仕上げられる。これらの各工程で銅の純度が徐々に高められていき、採鉱された銅鉱石に含有する1％未満の銅分が、選鉱された精鉱で20～30％、製錬工程では90％となり、最終的な精錬工程では99・99％の銅分となる。

8　銅鉱石の分離と選別

採鉱された銅鉱石には目的とする鉱物以外も含まれているので、粉砕・磨鉱・分離・選別されて、「精鉱」と呼ばれる**有用な鉱石と**、岩石などの**不要物とに分離**される。この工程を「**選鉱**」と呼び、一般的には磁力や重力などを用いて行われる。具体的には、「**浮遊選鉱法**」と呼ばれる、空気を吹き込んだ水との混合物からの泡への付着現象を利用した選鉱方法などがある。この選鉱により分離された精鉱の銅分は20～30％まで濃縮される。

9　精鉱の製錬と粗銅の精錬

選鉱された「精鉱」は、さらに**製錬・精錬工程**を経て銅に仕上げられる。銅の製錬方法は、銅鉱物の種類によって異なるが、大別すると**図12**に示すように、「**乾式製錬法**」と「**湿式製錬法**」に分けられる。

銅の**乾式製錬法**の工程を**図13**に示す。具体的には、溶けた金属硫化物のマットを造る「**マット溶錬**」、マットから粗銅を造る「**製銅**」、粗銅を精製する「**電解精錬**」の3つの工程からなる。

「**マット溶錬**」では、銅濃度が約1％前後から20～30％に増加させた精鉱に含まれる鉄を酸化させて、溶剤として加えた酸化シリコンと反応させて$2FeO \cdot SiO_2$からなる**スラグを作製**し、硫化物融体の$Cu_2S \cdot FeS$からなる**マットへと濃縮**させる。スラグを「からみ」、

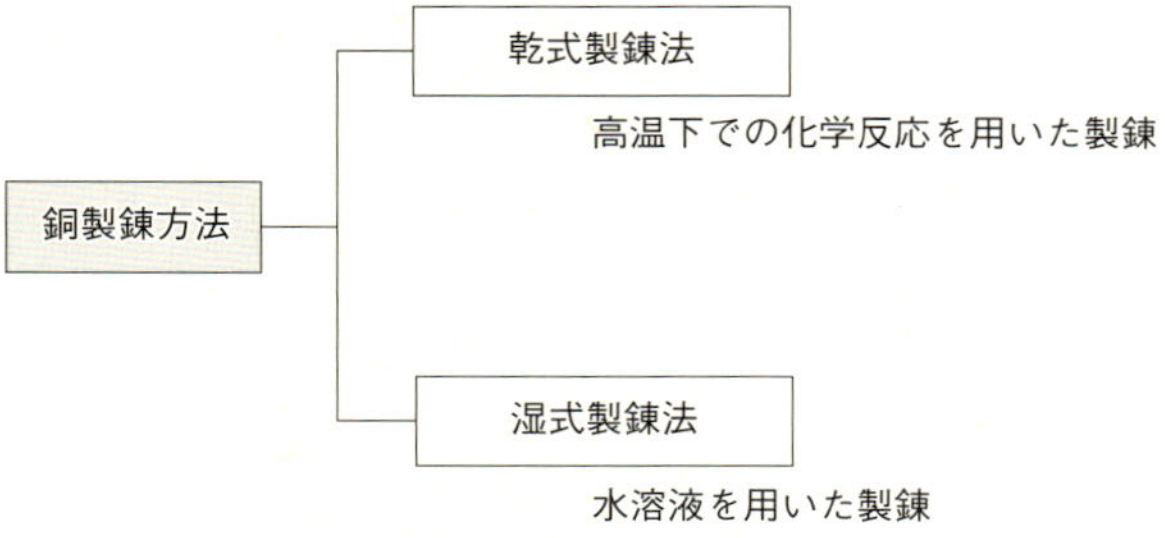

図12　銅製錬方法の分類

マットを「かわ」とも呼ぶ。この反応を化学式で示すと、

$$CuFe_2 + SiO_2 + O_2 \rightarrow Cu_2S \cdot FeS + 2FeO \cdot SiO_2 + SO_2$$

となる。マット溶錬炉には、溶鉱炉、反射炉、自溶炉、電気炉などがある。

次に、「**製銅**」工程にて溶けた金属硫化物のマットを転炉に入れて、炉内で鉄、硫黄を分離して**粗銅を作る**。製銅工程にて製造された銅濃度約98～99%、硫黄濃度約0・05%の粗銅は、精製炉にて硫黄や不純物を除去して、電解精錬用の陽極へと鋳造される。最後に陰極に種板を用いて「**電解精錬**」し、銅濃度が99・99%の純度まで精製され、洗浄後に溶解の原材料である**電気銅が完成**する。

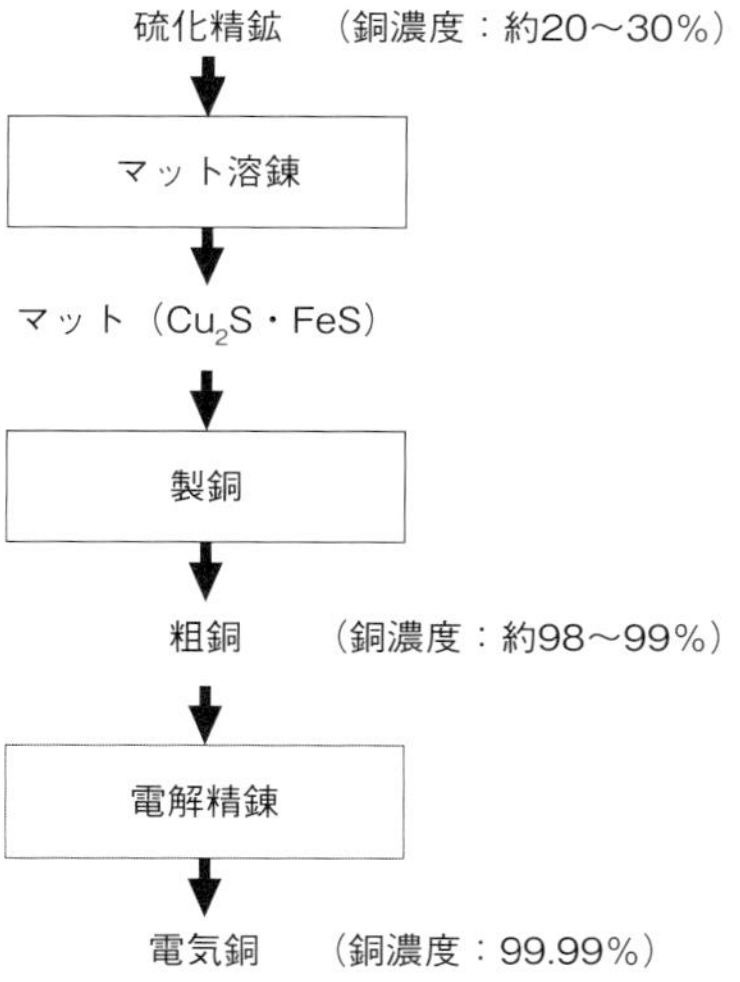

図13　銅の乾式製錬工程

一方、「**湿式製錬法**」は、古くから低品位鉱や酸化鉱の製錬に用いられていた。

1980年代より北中南米を中心に、粉砕せずに堆積させた銅鉱石に希硫酸を散布して銅を浸出させて、その**硫酸銅液を電解精製**して

表3　SX-EWの電気銅品質

	不純物量（ppm）	
	乾式製錬法による電解精製銅	SX-EWの電気銅
鉛	0.6	1〜5
鉄	0.1	2
硫黄	3	10

電気銅を得る**SX-EW法**が発展し、改めて湿式製錬法が注目されている。その背景には、乾式製錬法における亜硫酸ガスの問題、低品位鉱への対応、乾式製錬法よりも低コストなどがある。SX-EW法による銅生産量は増加しており、その約50％はチリで生産されている。**表3**に示すように、SX-EWの電気銅品質は、乾式製錬法による電解精製銅と比較して、鉛や鉄、硫黄などの不純物を多く含有している傾向がある。

コラム　２

今、都市鉱山に期待が集まる！

「都市鉱山」とは、都市で廃棄物として排出される使用済み家電製品に存在する金属資源を、あたかも鉱物が採掘される鉱山に見立てたもので、東北大学の南條道夫元教授らによって提唱されました。小型電子・電気機器には銅鉱石に引けをとらない銅が存在しており、また、使用済み家電製品に含まれる金や銀の品位も高いことから、使用済み家電製品は地下資源に乏しい日本にとって有用な資源と言えます。世界における都市鉱山の取引量は、２０１７年度の約70万トンに対して、２０２６年度には約１１０万トンに成長すると予想されています。

このような有用な資源とも言える都市鉱山を活用するうえで、さまざまな課題もあるようです。その１つに回収システムの構築が挙げられます。具体的には、家電リサイクル法で定められた、冷蔵庫、エアコン、テレビ、電子レンジの４品目以外の小型電子・電気機器の回収システムです。例えば使用済み携帯電話の回収台数は２０００年度をピークに減少傾向にあります。これは、使用済み携帯電話を目覚まし時計に使用したり、保存してある写真を思い出として手元に残しておきたいということが背景にあるようです。

回収システム構築を含めた都市鉱山活用における課題を解決し、都市鉱山を積極的に活用することができれば、新たな資源確保となるだけでなく、日本の製錬設備の有効活用に繋がるので、このような再資源化は持続可能な社会の実現のために必要不可欠と言えるのではないでしょうか。

第3章

銅および銅合金の加工方法

10 溶解

―金属を固体から液体に変化させる

物質には、固体、液体、気体の３つの状態があり、これを物質の三態という。例えば、水の場合、固体の氷を加熱すると液体の水に、さらに加熱すると液体の水は気体の水へと変化する。この三態変化は金属においても同様であり、それぞれの変化する温度は金属によって異なる。銅の固体から液体に変化する温度である融点は１０８３℃、液体から気体に変化する沸点は２５８２℃である。一方、アルミニウムの場合はそれぞれ６６０℃、２５１９℃である。

金属が固体から液体に変化することを「**溶解**」、**溶けた金属**を「**溶湯**」、**金属を溶かす装置**を「**溶解炉**」と呼ぶ。銅を溶解する溶解炉の種類は図14に示すように分類できる。熱源の違いにより「**燃焼炉**」と「**電気炉**」に分けることができる。また、溶解時に酸素などによる酸

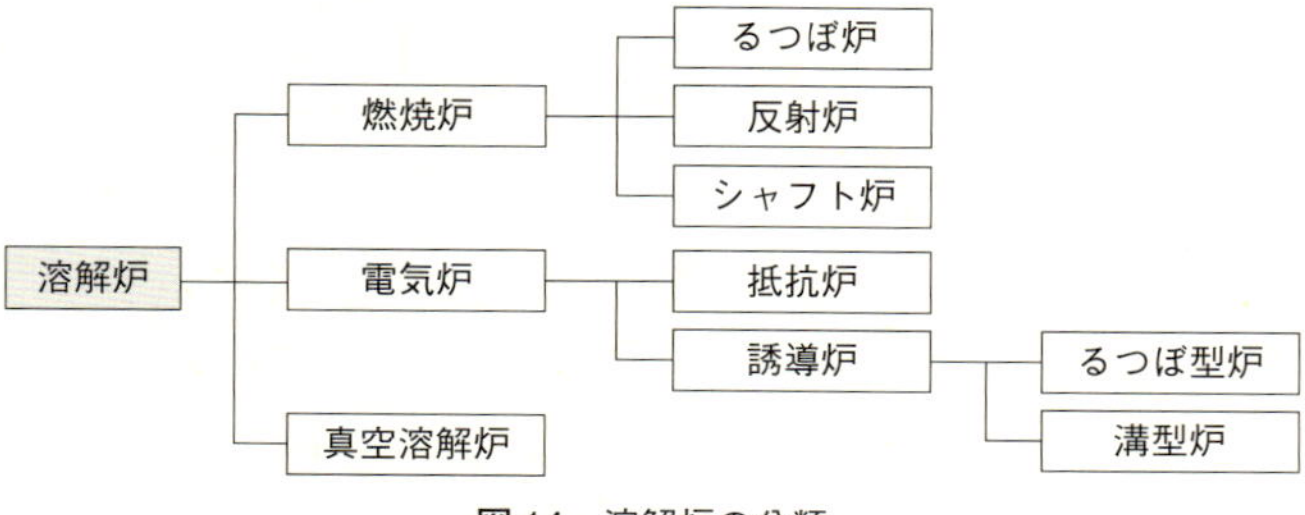

図14　溶解炉の分類

化やガス混入を避ける場合は、真空中で溶解する「**真空溶解炉**」もある。金属の種類や生産量、経済性を考慮したうえで、使用する溶解炉のタイプが決められている。**燃焼炉**は、「**るつぼ炉**」「**反射炉**」「**シャフト炉**」に分類され、その熱源として、木炭やコークスなどの固体燃料、重油や灯油などの液体燃料、天然ガスや都市ガスの気体燃料がある。この中で、シャフト炉は溶解能力が高いため、電線や量産用伸銅品の溶解に用いられている。**電気炉**は、「**抵抗炉**」と「**誘導炉**」に分類され、誘導炉は構造の違いによって、さらに「**るつぼ型炉**」と「**溝型炉**」に分けられる。誘導炉は、溶解炉の外側に巻かれたコイルの内側に、高温に耐える耐火物を貼り、材料を入れて溶かし保持するための容器であるるつぼを作る。このるつぼに溶かす金属を装入し、コイルに電流を流すとるつぼ内に磁力線が発生し、るつぼ内の金属に渦電流が流れ、金属自体の電気抵抗によって発熱して溶解するのである。

電気銅や各種の金属地金は、上述の溶解炉に装入されて溶解され、溶けた溶湯は鋳型に流し込まれて「**鋳塊**」と呼ばれる固体の金属ができ上がる。健全な鋳塊を製造するには、不純物やガス、酸化物などの溶湯品質の管理が重要であり、そのためには原材料の種類、溶解炉内の雰囲気、溶解条件の管理が必要である。一方、銅および銅合金を用いた製品の加工段階で発生する新くずや、エアコンの熱交換器やバルブ、ガス機器などの使用済み製品から発生する古くずも、電気銅以外の原材料として再利用される。これらの銅および銅合金の**リサイクル原材料**は、**表４**に示すとおりＪＩＳに規定されている。

表4　リサイクル原料の分類（JIS 抜粋）

分類	種類	品質・形状
1	1号銅線	径又は厚さが 1.3mm 以上の銅線、及び素銅の径が 1.3mm 以上の銅より線の純良なもの
2	2号銅線	a）径又は厚さが 0.35mm 以上 1.35mm 未満の銅線、及び素線の径が 0.35mm 以上 1.3mm 未満の銅より線の純良なもの b）径又は厚さが 0.35mm 以上の銅線の被覆などを除去した純良なもの c）径又は厚さが 0.35 mm以上の銅線の半田、鍍金などを除去した純良なもの
3	1号ナゲット	導体径又は厚さが 1.3 mm 以上の銅線、及び素線の径が 1.3 mm 以上の銅より線をナゲット加工した（短切線）純良なもので、銅成分が 99.90%以上のもの
5	2号ナゲット	導体径又は厚さが 0.35 mm 以上 1.3 mm 未満の銅線、及び素線の径が 0.35 mm 以上 1.3 mm 未満の銅より線をナゲット加工した純良なもので、銅成分が 99.90%以上のもの

11　鋳　造

―液体の金属を鋳型に流し込んで固める

図15に示すように、溶解炉で溶解した「**溶湯**」を「**鋳型**」と言われる空洞に流し込み、その後に冷却して溶湯を凝固させて、「**鋳塊**」へと仕上げられる。この製法のことを「**鋳造加工**」と呼ぶ。

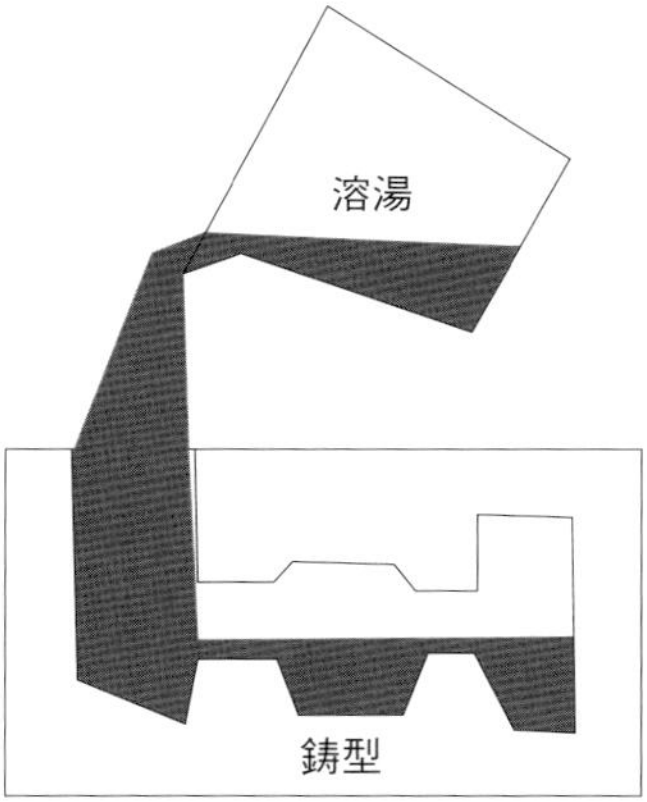

図 15　鋳造加工の模式図

鋳造加工は紀元前４０００年ごろのメソポタミアで始まったと言われており、歴史のある金属加工プロセスの１つと言える。

金属地金を溶解し、鋳造加工によって得られる銅および銅合金は、**図16**に示すように、伸銅品と呼ばれる板、条、管、棒、線の形状に荷重を与えて形状を付与した「**展伸材**」と、凝固にて形作られる「**鋳物**」に大別される。この荷重を与えて形状を付与する加工を「**塑性加工**」と呼ぶ。前者の伸銅品の種類は、**表5**に

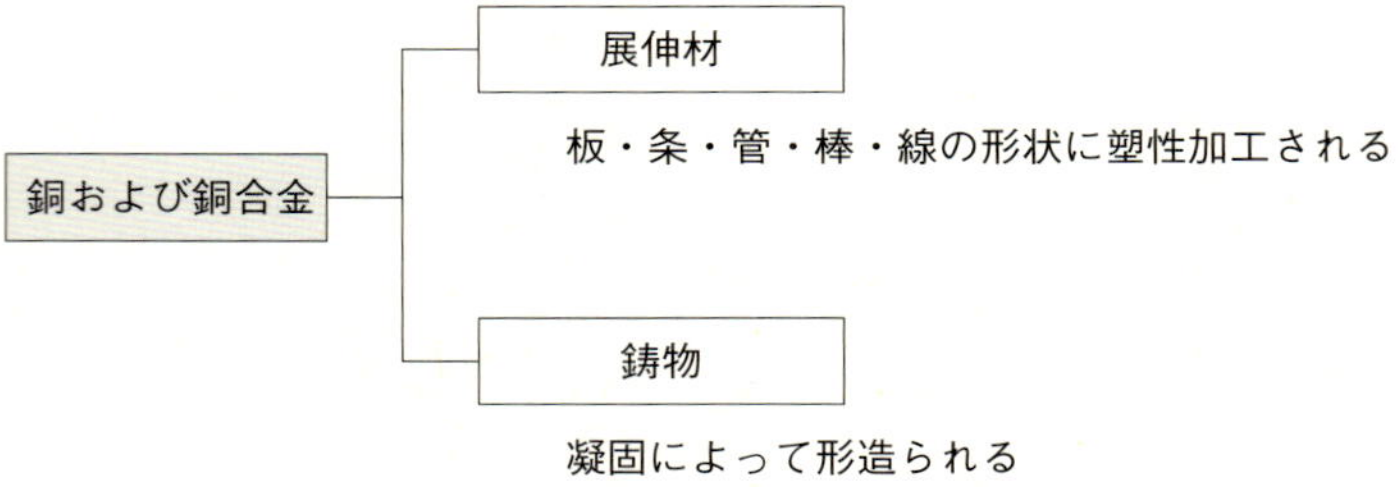

図 16　鋳造加工の模式図

表 5　合金番号

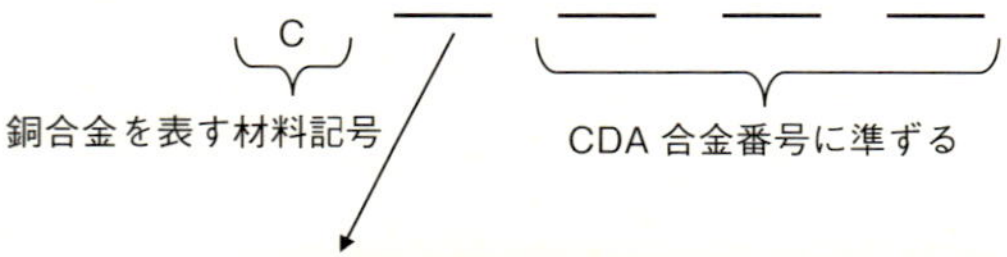

番号	合金系	名称
1	Cu、高 Cu 系合金	無酸素銅、タフピッチ銅 リン脱酸銅、他
2	Cu-Zn 系合金	丹銅、黄銅
3	Cu-Zn-Pb 系合金	快削黄銅
4	Cu-Zn-Sn 系合金	ネーバル黄銅
5	Cu-Sn 系合金、Cu-Sn-Pb 系合金	リン青銅、快削リン青銅
6	Cu-Al 系合金、Cu-Si 系合金 特殊 Cu-Zn 系合金	アルミニウム青銅 ケイ素青銅
7	Cu-Ni 系合金、Cu-Ni-Zn 系合金	白銅、洋白、快削洋白

基づく**合金番号**と、**表６**に示す**形状記号**と**加工法記号**でそれぞれ表されている。具体的には、合金番号は銅および銅合金を表す材料記号のCと、合金種に基づく４桁の数字で表し、Cに続く数字は主要な添加元素による７分類され、下３桁の数字は０から９の数字でアメリカのＣＤＡ（Copper Development Association Inc.）合金番号に準じて表されている。

鋳造加工は、毎回鋳型に注ぎ込んで固める方法のほかに、溶けた金属を連続的に固めて長尺な鋳塊を得る「**連続鋳造**」と呼ばれる方法もある。連続鋳造は、生産性の向上とコスト低減も期待できるため、大量生産向きの鋳造加工方法である。また、連続鋳造で作られた鋳塊は、冷却速度が速く、温度勾配も高いため、均一な金属組織を得ることができる。そのために、連続鋳造で作られた鋳塊の引張強度や硬度などの**機械的性質は優れ**ており、また**鋳造欠陥も抑制**されるので、連続鋳造で作られた鋳塊を板、条、管、棒、線へ塑性加工するときのトラブル発生も少ない。

表６　形状記号と加工法記号

	種類	記号
形　状	板　Plate	P
	条　Ribbon	R
	管　Tube	T
	棒　Bar	B
	線　Wire	W
加工法	冷間引抜　Drawn	D
	鍛造　Forged	F
	熱間押出　Extruded	E
	溶接　Welded	W

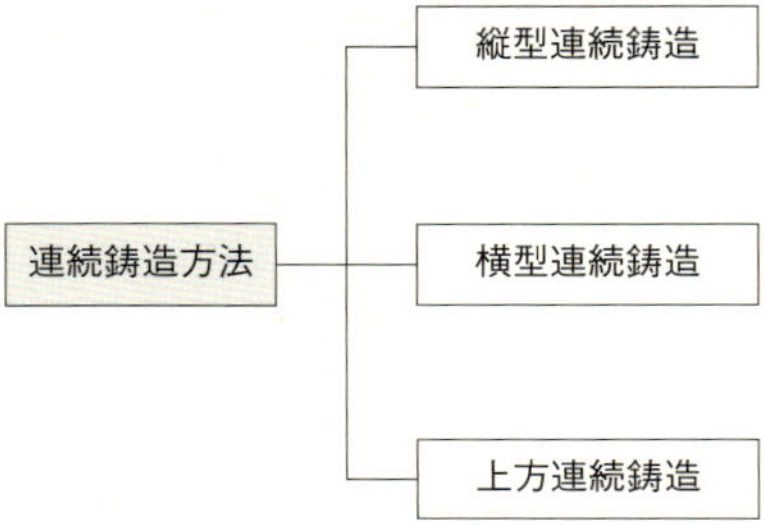

図 17　連続鋳造方法の分類

銅および銅合金の連続鋳造方法を大別すると、**図17**のとおりであり、①鋳塊を下方に引き出す「**縦型連続鋳造**」、②水平に引き出す「**横型連続鋳造**」、③上方に引き出す「**上方連続鋳造**」の3つがある。稼働している連続鋳造方法としては、縦型連続鋳造と横型連続鋳造が圧倒的に多い。鋳造加工によって得られる鋳塊の形状は、板、条用の圧延素材の「**スラブ**」や「**ケーク**」**と呼ばれる厚板形状**と、管、棒、線用の素材である「**ビレット**」**と呼ばれる円柱形状**の2種類に分けられ、これらは後述する板、条、管、棒、線への塑性加工の材料に使用される。

12 圧延

―ロールで薄く延ばす

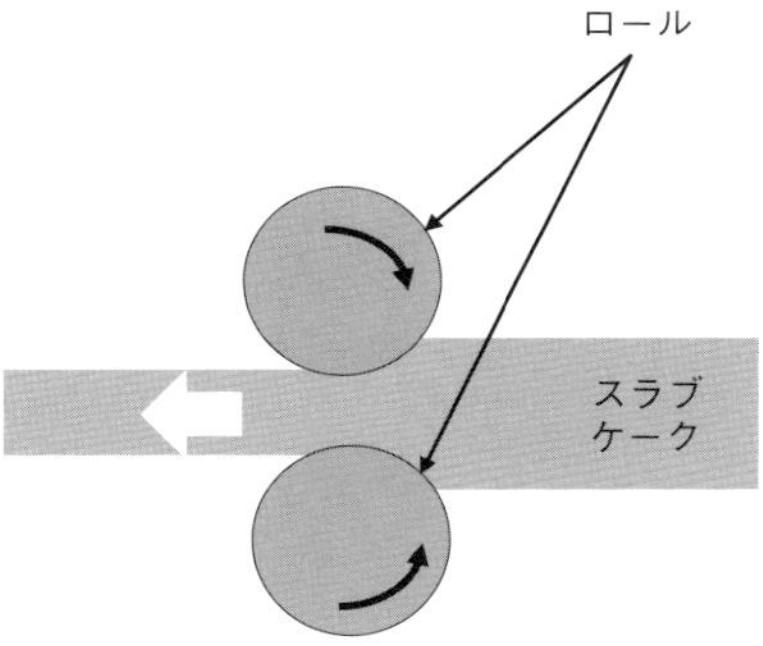

図 18　圧延加工の模式図

図18に示すように、鋳造によって形作られた「スラブ」や「ケーク」と呼ばれる**厚板形状の鋳塊を回転するロール間に通過させて、鋳塊の断面積を小さくして長尺な金属を得る方法**を「**圧延加工**」と呼び、板、条の製造に用いられる。圧延加工を例えると、うどん生地やそば生地を麺棒と呼ばれる丸棒を手で転がしながら力を入れて薄く延ばす製麺作業であろう。

圧延は、圧延時の温度の違いで「**熱間圧延**」と「**冷間圧延**」の２種類に分けられる。具体的には、**圧延する材料を加熱して圧延加工する熱間圧延**と、**圧延する材料を加熱せずに常温で圧延加工する冷間圧延**である。熱間圧延は、断面積を小さくさせながら、元材である鋳塊の鋳造組織を均一な金属組織に改質することも可能である。

銅および銅合金の熱間圧延は通常７００～９００℃で行われる。熱間圧延が終わると、面削機で板の両面を削り、表面欠陥が取り除かれた後に、冷間圧延し、断面積を小さくさせながらより金属組織を均一に、かつ後述する加工硬化現象によって強くさせたり、焼鈍により軟化させながら、板や条に仕上げていく。

13　押出

―穴の開いた金型から押出してさまざまな断面形状の長尺材をつくる

加熱した「ビレット」と呼ばれる**円柱形状の鋳塊**をコンテナに挿入し、ステムを使ってビレットに**圧力を加えて**、ダイスと呼ばれる**金型を通して金属素材を流出**させて、管、棒、線のさまざまな形状の**長尺材を作製**する加工を「**押出加工**」と呼び、よくところてんの製法に例えられる。押出加工はマカロニの製造からヒントを得たとの話もあり、18世紀後半の鉛管の製造から、亜鉛、銅、アルミニウムの加工へと展開されたようである。

押出加工を大別すると、**図19**に示すとおり、「**直接押出法**」と「**間接押出法**」の２種類に分けられる。「**直接押出法**」は**コンテナに加熱したビレットを装着し、ステムを使用してダイス方向に圧縮して押出す加工方法で、**「**間接押出法**」は**コンテナに加熱したビレットを装着し、ダイスをビレットに接触させた後に、中空構造になったステムを押し込むことにより押出す加工方法**である。

間接押出法は、コンテナとビレット間の摩擦力が生じないため、直接押出法と比べて小さい押出圧力での加工が可能である。押出加工の特徴は、１回の変形で複雑な断面形状の長尺材を得ることや、

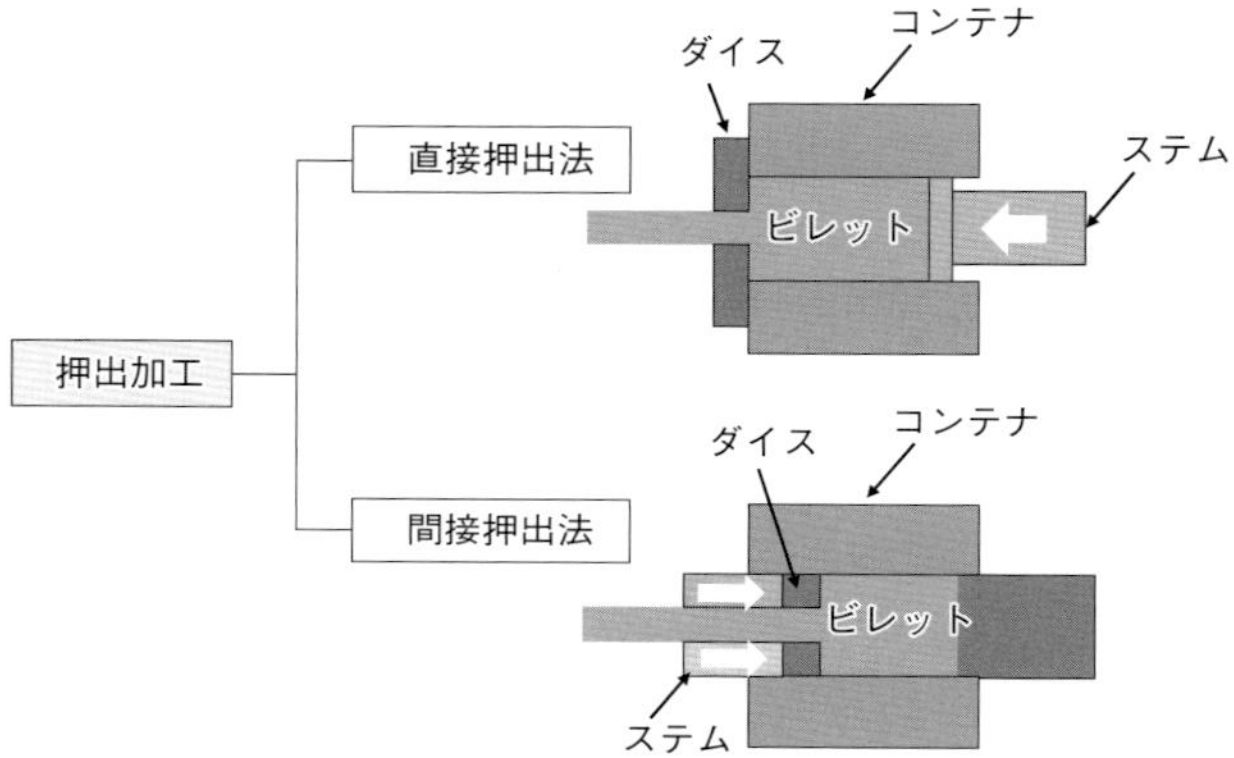

図19　押出加工の模式図

圧力をかけながらの加工のため、伸びが少ない金属の加工にも適用しやすいことが挙げられる。ただし、バッチ式の加工なため、１回の押出量に制限が発生してしまう。

14 伸線・引抜

──穴の開いた金型から引き抜いてさまざまな断面形状の長尺材をつくる

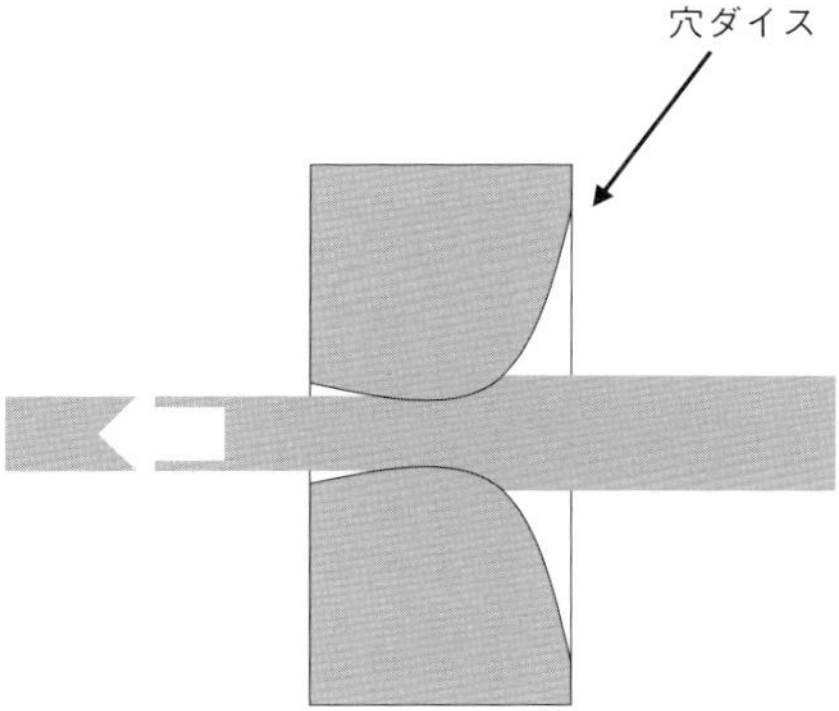

図 20　伸線・引抜加工の模式図

「**伸線・引抜加工**」とは、図20に示すように**穴形状が付与された穴ダイスと呼ばれる金型から元材を引き抜いて断面積を縮小させる加工方法**で、銅や銅合金の管、棒、線の加工に用いられている。放電現象を利用したワイヤーカットに用いられる黄銅製ワイヤーは、この伸線・引抜加工によって製造されている。

伸線・引抜加工は一般的に冷間で行われるため、成型品の機械的性質を加工硬化により向上させることが可能である。また、伸線・引抜加工した成型品の表面状態や寸法精度は、熱間で加工する押出加工と比べて優れている。

伸線・引抜加工する装置を大別すると、**コイル材を連続**

に加工する「**伸線機**」と、**直線状に引き抜いてバー材を加工**する「**抽伸機**」の2種類がある。

「伸線機」は、1ダイス1ブロックの構成からなる「**単頭伸線機**」と、単頭伸線機を連続的に並べた「**連続式伸線機**」がある。単頭伸線機は太線や異形線などの特殊線に使用されており、巻き取りブロックの向きによって縦型と横型がある。連続式伸線機は単頭伸線機を連続的に並べているので、元材から仕上げ材まで連続的な成形加工が可能である。

「抽伸機」とは、ドローペンチとも呼ばれており、元材を穴ダイスに通してから引き抜くまでの構造が直線状になっている。

15 鍛　造

―金型を用いて成形および鍛錬を行う

「**鍛造加工**」は、**図21**に示すように**金型を用いて金属を圧縮成形および金属組織を改善させる鍛錬を行う加工方法**であり、形状付与と金属組織改善が可能である。鍛造加工は、**図22**に示すよう、「金型」「加工温度」「変形方法」により大別することができる。「**金型**」による分類は**自由鍛造・型鍛造**、「**加工温度**」による分類は**熱間鍛造・冷間鍛造・温間鍛造**、「**変形方法**」による分類は**据込み・鍛伸・押出・回転**にそれぞれ分類される。

鍛造加工のメリットは、鍛造成形によって**最終形状、あるいはそれに近い形状や寸法が得られる**ことであり、切削加工などの後工程の省略や簡素化が可能であり、**加工費低減**や**材料ロス低減**が期待できる。鍛練による**金属組織改善**を目的とした鍛造加工については、加熱した鋳塊に繰り返しの圧縮や打撃を与えて変形による加工歪を加えて、鋳塊内部に存在する鋳造欠陥を潰しながら、金属組織を再結晶させる。具体的には、**図23**に占めすように、粗大で方向性を持った「**柱状晶**」と「**チル結晶**」からなる鋳塊の金属組織は、均一な「**等軸晶**」の金属組織に改善される。

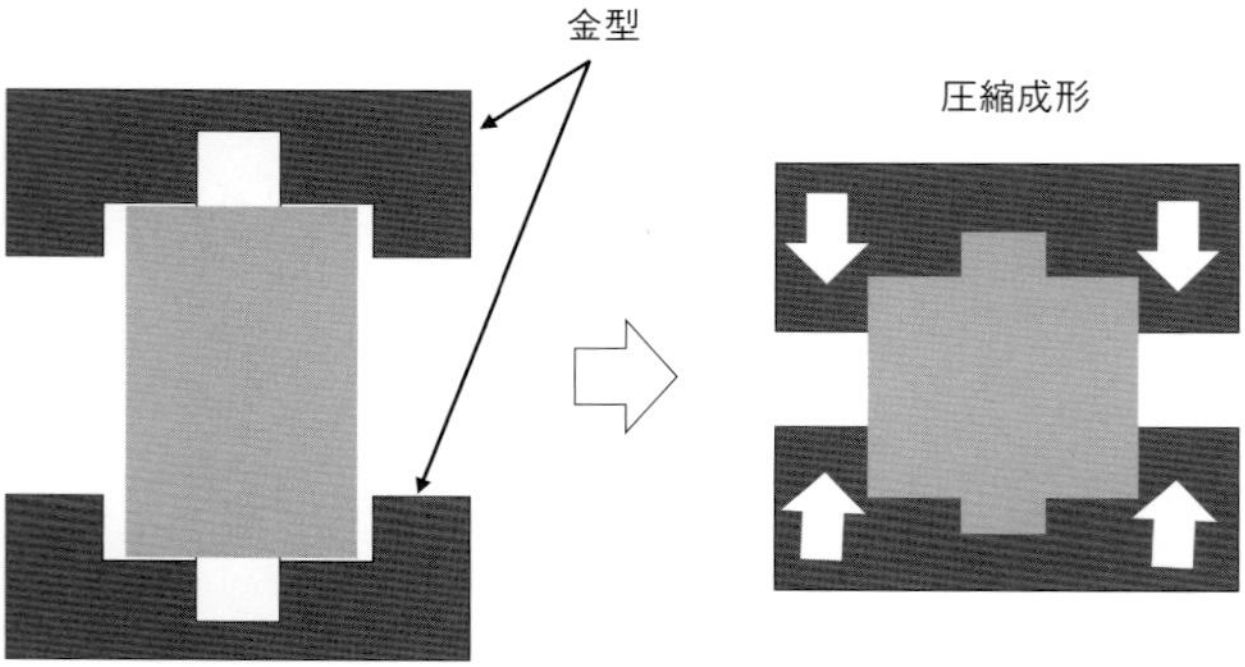

図 21　鍛造加工の模式図

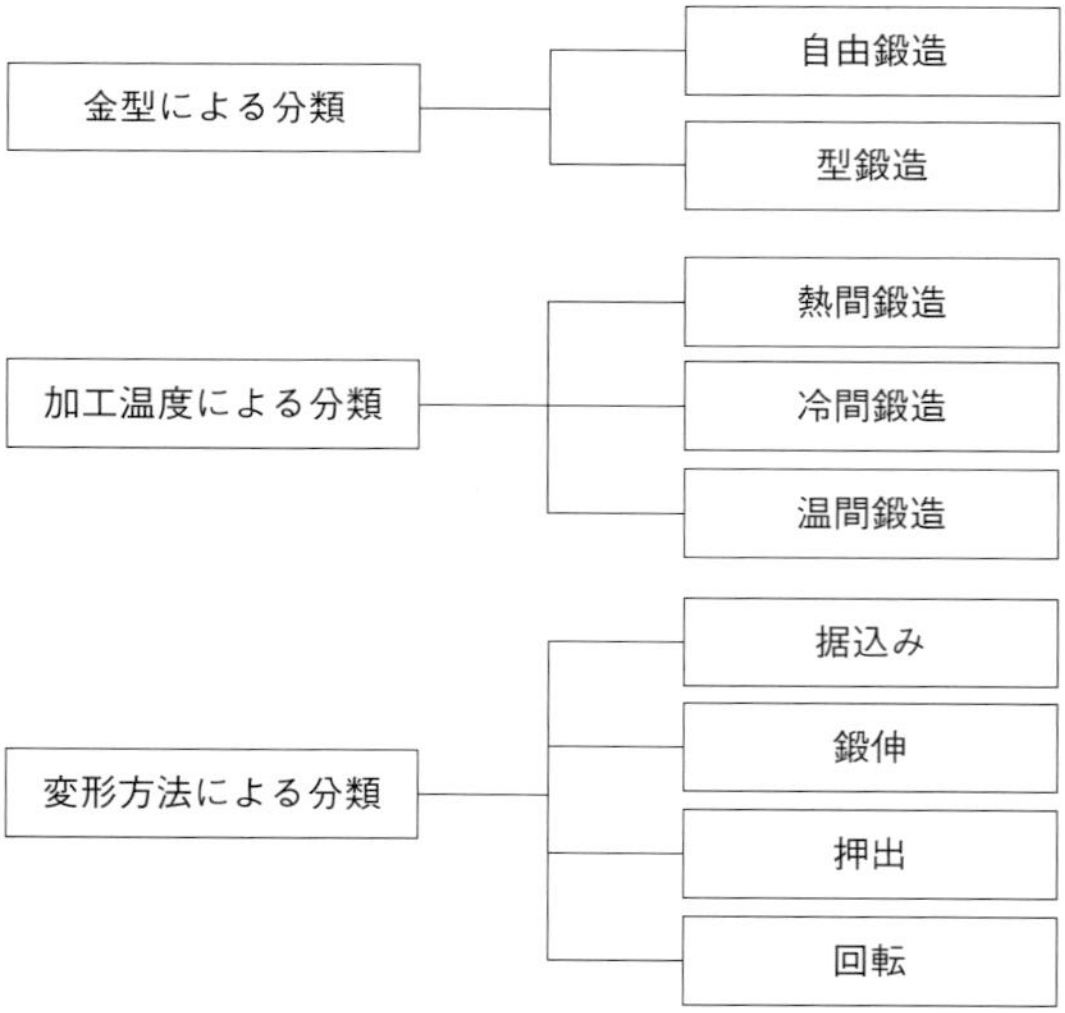

図 22　鍛造加工の分類

表7に、銅および銅合金の適正熱間加工温度と鍛造性指数を示す。「熱間鍛造」に最も適した銅合金は、銅含有量が60％、亜鉛含有量が40％をベースに添加元素を含有した

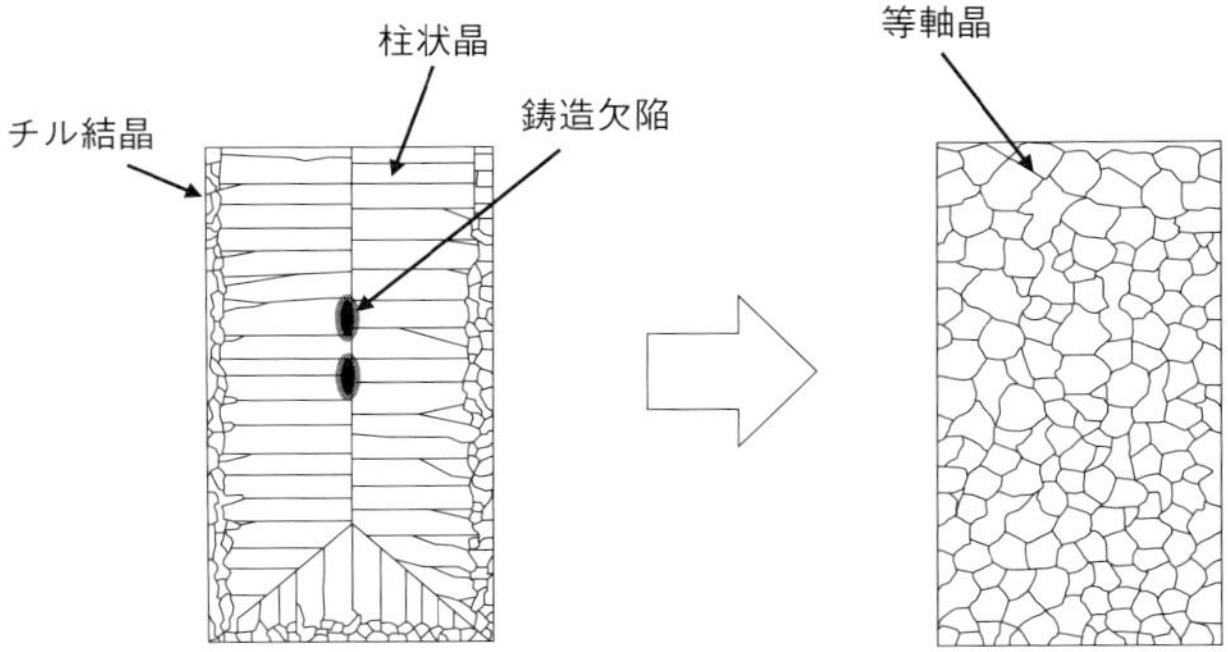

図 23　鍛造加工による金属組織の改善

表 7　銅および銅合金の熱間加工温度と鍛造性指数

	JIS 合金番号	温度範囲（℃）	鍛造性指数
無酸素銅	C1020	700 ～ 870	65
黄銅３種	C2800	600 ～ 800	90
鍛造用黄銅２種	C3771	630 ～ 780	100

Ｃ３７７１およびＣ２８０００である。これらの銅合金の金属組織は「銅と同じ結晶構造で亜鉛がランダムに分布する固溶体のα相」と「銅と異なる結晶構造で銅と亜鉛が一定の比率からなる金属間化合物のβ相」の２相組織であり、熱間加工性に優れている。銅合金を用いた熱間鍛造加工品で身近なものとして水栓金具やバーナーヘッドが挙げられる。

また、銅および銅合金の「冷間鍛造」は、鉄鋼とアルミニウムの中間的な鍛造加工性と、銅および銅合金の特性を活かした小物部品の製造に用いられている。

16

絞り・張出し

金型を用いて継ぎ目のない中空のくぼみをつくる

「**絞り・張出し加工**」は、**金型を用いて、板材や条材に継ぎ目のない中空のくぼみを持つ形状を付与する加工方法**である。絞り加工と張出し加工の違いは、くぼみ成形の周囲にある金属の拘束有無の違いであり、「**絞り加工**」はくぼみ部への材料移動を伴う加工方法で、「**張出し加工**」は金属を拘束させてくぼみへの材料移動を伴わない加工方法である。

具体的には、**図24**示すように、「絞り加工」は、材料が絞り方向に引張応力が負荷され、それと直角の円周方向に圧縮応力が負荷され

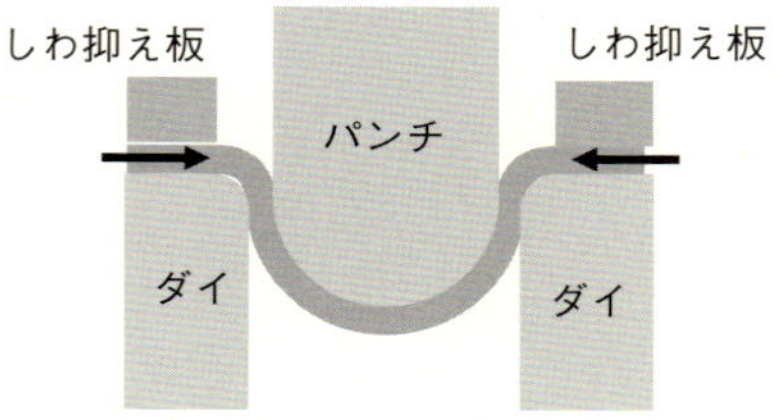

図 24　絞り加工

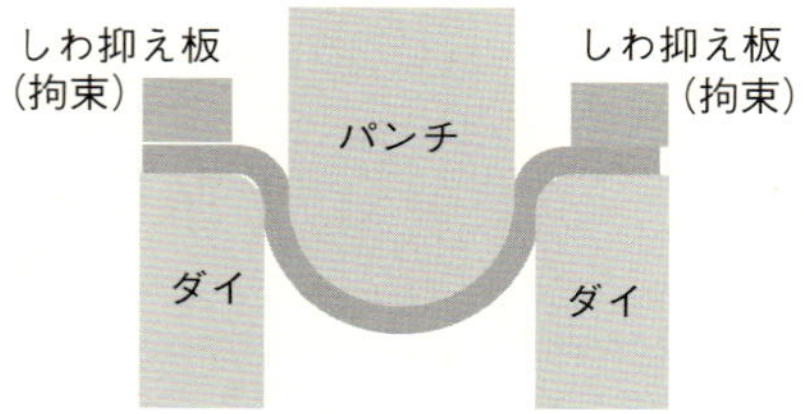

図 25　張出し加工

る加工である。そのため、パンチがダイス穴に押し込まれるのに連動して、材料はダイスの穴方向へと順次引き寄せられ、成形過程において材料は連続的に供給される。一方、「張出し加工」は、**図25**に示すように、しわ抑え板によって材料が拘束されており、パンチがダイス穴に押し込まれる過程で材料は供給されずに材料には引張応力のみが働いて、いわゆる風船を膨らますような加工方法である。そのため、張出し加工では製品曲面部の板厚は素材より薄くなり、絞り加工ほど深い容器の成形はできない。

表8に、絞り加工用銅合金の板材特性と用途を純アルミニウムと併せて示す。「**エリクセン値**」は**金属薄板の張出し特性**を示し、試験片をダイとしわ抑え板で拘束し、穴径27ミリのダイ穴に直径20ミリの球頭パンチで張出すことによって求められる。エリクセン値の数値が大きいほど張出し性が優れており、深絞り性の概略的な評価も可能である。**銅および銅合金**は、アルミニウムやアルミニウム合金と比較してエリクセン値が高く、**絞りや張出し成形に適し**ており、各種の日用雑貨や電気部品の成形に使用されている。

表８　絞り加工用銅合金の板材特性

	JIS 合金番号	エリクセン値(mm)	用　途
無酸素銅	C1020-O	13.4	電気・化学用部品
丹銅３種	C2300-O	11.0	化粧品ケース、薬きょう
黄銅３種	C2800-O	12.3	配線器具部品
純アルミニウム	1100-O	11.0	家庭用器物、箔容器
Al-Mg 合金	5052-O	9.9	容器一般

17 熱処理

―加熱・冷却して金属の特性を改善する

金属は、上述の塑性加工と融点より低い温度に加熱する熱処理によって、その特性を改善することが可能である。このような処理を「**調質**」、調質種類を「**質別**」とそれぞれ呼び、表9に示す。本稿で解説する熱処理も調質の1つであり、熱処理を目的によって大別すると、「**均質化処理**」「**焼鈍処理**」「**溶体化処理**」「**時効処理**」の4つに分けられる。

「**均質化処理**」は、鋳造で生成した不均一な**金属組織を均一にする**ことを目的とした熱処理で、特に錫含有量が多いリン青銅では重要な熱処理と言われている。均質化処理は、一般的に焼鈍温度より約100℃高い温度での処理が推奨されている。

冷間加工した金属は、加工により導入された歪により加工硬化し、強度や硬さが増加する。そのため、さらに冷間加工を行う際は負荷が大きくなりすぎてしまう。そこで、**強度や硬さを低下させる熱処理**を行い、その後に再び冷間加工が行われる。このような熱処理を「**焼鈍処理**」と呼び、再結晶温度、あるいはそれ以上の温度に加熱し、金属組織を回復、再結晶させる効果がある。表10に

表９　質別記号（抜粋）

質別記号	定　義
F	製造まま
O	軟質
1/2H	半硬質
H	硬質
EH	特硬質

表10　銅および銅合金の代表的な焼鈍温度

	JIS 合金番号	焼鈍温度（℃）
無酸素銅	C1020	425 ～ 650
丹銅３種	C2300	425 ～ 725
黄銅２種	C2680	425 ～ 700
黄銅３種	C2800	425 ～ 600
洋白２種	C7521	600 ～ 825

銅および銅合金の代表的な焼鈍温度を示す。

一方、後述するCu・Ti合金（チタン銅合金）やCu・Ni・Si合金（コルソン合金）、Cu・Be合金（ベリリウム銅合金）は、析出物を金属組織中に均一に微細に分散させる「析出強化」により高強度を得ることができる。そのためには、**析出物の構成元素を銅の固溶体に固溶させる温度まで加熱**し、その後急冷し、過飽和固溶体と呼ばれる金属組織を形成させる必要がある。この熱処理を「**溶体化処理**」と呼び、析出物を析出させる温度に加熱して、**析出物を金属組織中に均一に微細に分散させる熱処理**を「**時効処理**」と呼ぶ。

銅および銅合金の熱処理に用いられる熱処理炉を大別すると、**図26**に示すように、「**バッチ炉**」と「**連続炉**」に分けられる。「**バッチ炉**」は、ベル型炉、ポット炉、箱型炉があり、熱処

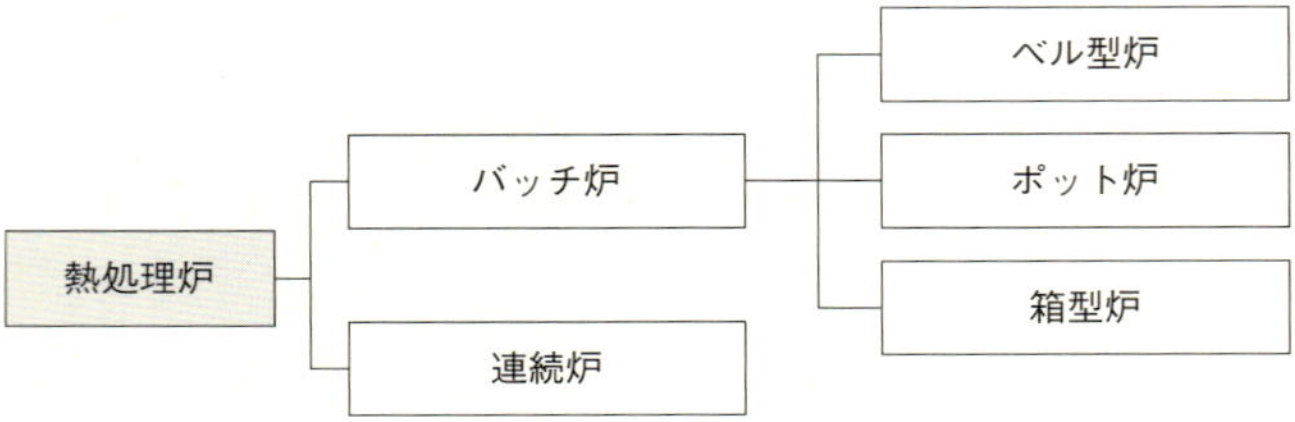

図 26　熱処理炉の分類

理条件の変更が容易なため、**多品種・少量生産に適し**ている。より均一な品質と性能を得る目的で種々の「連続炉」も用いられている。特に、条材の製造では、条材表面の油や汚れを除去する**脱脂**、**焼鈍**、焼鈍によって条材表面に発生した酸化物を除去する**酸洗**、錆止め剤を条材表面に塗布する**防錆**の**一連の工程を一度に行う**ことができる「**連続焼鈍炉**」が普及している。

18 接合

―2つ以上の物をくっ付けて一体化させる

2つ以上の物をくっ付けて一体化させることを「**接合加工**」と呼ぶ。接合加工を大別すると、「**冶金的接合**」「**機械的接合**」「**接着**」の3種類に分類できる。この中で、「冶金的接合」は金属の接合に用いられており、代表的なものとして「**溶接**」が挙げられる。「溶接」とは、**接合させる金属同士を加熱**し、溶解させた後に冷却し、**溶解した部分が凝固**することにより接合する方法である。

銅の溶接の難しさは、その熱伝導性の高さにある。後述のとおり、銅の熱伝導度はアルミニウムの約2倍もあるため、銅の溶接の際は溶接部から熱が急激に拡散し、母材の溶解が不十分となって、アルミニウムより溶接不良が発生しやすい。銅および銅合金の溶接方法として、「**TIG溶接**」と「**MIG溶接**」がある。「TIG（Tungsten Inert Gas Arc）溶接」は、アルゴンやヘリウムなどの不活性ガス雰囲気中でタングステン電極と母材間にアークを発生させる溶接方法である。「MIG（Metal Inert Gas Arc）溶接」も活性ガス雰囲気中でアークを発生させる溶接方法で、電極と、溶着金属を作るために供給する溶加材を兼ねた銅・銅合金ワイヤーを使用する溶接方法であ

表11　銅および銅合金の溶接特性

	JIS 合金番号	TIG 溶接	MIG 溶接
無酸素銅	C1020	良	良
丹銅3種	C2300	良	良
黄銅2種	C2680	可	可
黄銅3種	C2800	可	可
洋白2種	C7521	良	良

る。**表11**に、銅および銅合金の溶接特性を示す。

冶金的接合は、上述の溶接のほかに、「**圧接**」と「**ろう付け**」がある。「**圧接**」とは、**金属同士の表面を密着させて、熱や圧力を加える**ことで溶解させて接合する方法であり、具体的な圧接方法として摩擦圧接、超音波圧接などがある。「**ろう付け**」とは、**接合する金属より融点の低い合金を溶かして**、接合する金属自体を溶解させずに接合させる方法である。銅および銅合金のろう付けには、錫やニッケルが添加された黄銅ろうやリン銅ろう、Ag-Cu合金に亜鉛やカドミウム、錫を添加した銀ろうが使用される。

19 切削

―工具を使用して不要部分を除去

図27に示すように、**ドリル加工**や**旋盤加工**、**フライス加工**などの**工作機械を使用して被加工材の不要部分を切り屑として除去**して、所用の形状や寸法に加工する除去加工のことを「**切削加工**」と呼ぶ。

切削加工用銅合金としては、黄銅やリン青銅、洋白、銅に鉛を添加した快削黄銅、快削リン青銅、快削洋白、鉛入銅、テルルを添加したテルル銅がある。各種の銅合金の切削性指数を**表12**に示す。快削黄銅はその切削性指数を１００として、各種銅合金の切削加工のしやすさの基準となっている。銅および銅合金に添加された鉛は固溶せずに、粒状になって金属組織に均一に分散する。分散した鉛は、切削加工の発熱や圧力で工具との接触面に押し出されて溶融し、潤滑剤の役割となって切削抵抗を低下させる。また、鉛は切削屑を小さくさせる効果

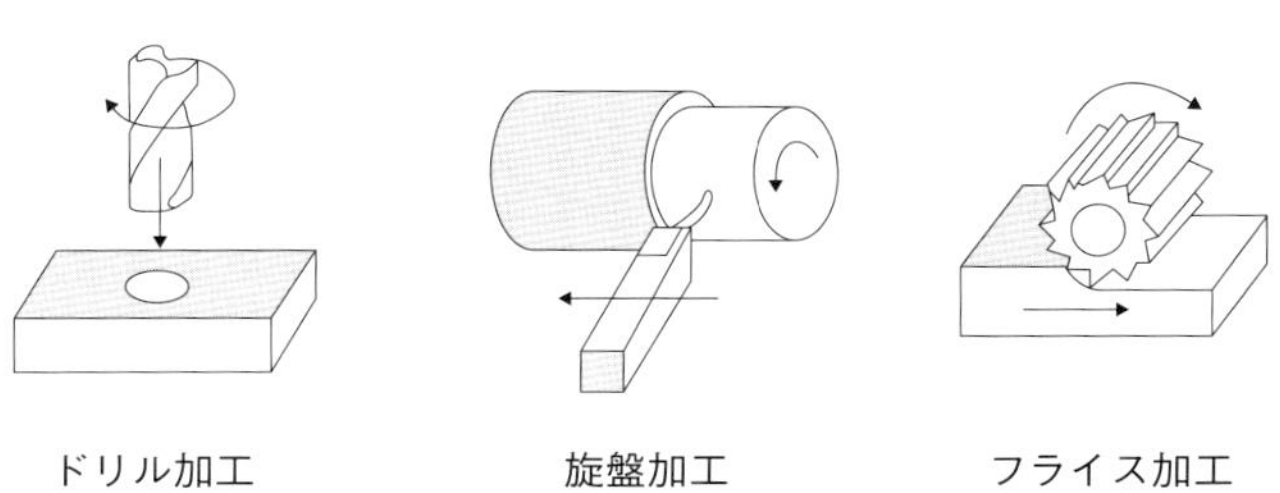

図27　切削加工の模式図

表 12　各種銅合金の切削性指数

	JIS 合金番号	切削性指数
無酸素銅	C1020	20
丹銅 3 種	C2300	20 ～ 30
黄銅 2 種	C2680	30
黄銅 3 種	C2800	40
洋白 2 種	C7521	20
快削黄銅特 1 種	C3601	100

を持ち、切削屑の取り扱いを容易にさせる効果も有している。

なお、後述するが、２００３年４月より日本における鉛の水質基準が強化された背景もあり、これまでの鉛を含む銅および銅合金がクローズアップされ、ＥＬＶ、ＲｏＨＳ指令をはじめとする**人体に対する安全性向上**、**環境負荷低減**の社会的要請に応える快削銅合金として、**鉛フリー銅合金**が開発され、実用化されている。

20 粉末冶金

―金属粉末を圧縮・焼結し加工する

通常の溶解・鋳造法では製造困難な多孔質金属、金属とセラミックスの複合材、高融点金属などの製造には、**金属粉末の圧縮成形と高温焼結**による「**粉末冶金**」が適している。粉末冶金加工の基本的な製造プロセスは、**図28**に示すように、金属粉末の製造、混合、圧縮、焼結である。粉末冶金加工の特徴は、種々の金属粉末の組合せが可能、複雑形状・高精度への対応、気孔の活用、材料の有効利用である。

粉末冶金銅合金の用途として、焼結含油軸受と摩耗材料を挙げることができる。焼結含油軸受は、体積で気孔率10～30％の気孔に潤滑油を含浸により無給油で使用できる軸受である。焼結含油軸受銅合金は、青銅のCu-10％Sn合金に亜鉛、黒鉛、鉛などが添加されている。

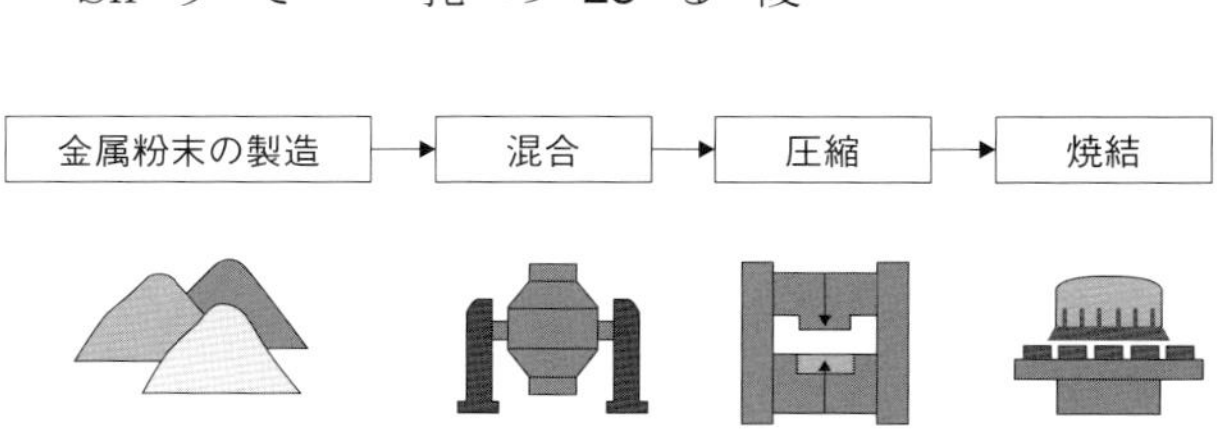

図 28　粉末冶金加工の模式図

コラム 3

金属に形状付与する塑性加工技術

金属に形状を付与する加工プロセスは、種々の方法があります。具体的には、金属を溶かして、その溶けた金属を鋳型に流し込み、その後、冷やして金属を再び固まらせて製品形状を得る「鋳造加工」や、金属の粉末を金型に充填させて焼結する「粉末冶金加工」などがあります。そのほかに、金属を溶かさずに固体の金属に力を加えて変形させて目的とする形状を金属に付与する「塑性加工」も金属に形状を付与する加工プロセスです。

「塑性加工」とは、金属に力を加えた後に力を外しても元の形状に戻らない塑性変形の性質を活かした加工方法で、もともと塑性加工の「塑」という漢字は「土をこねて物の形を作る」という意味があるようです。金属は冷間加工を施すと加工硬化によって強度が上昇するので、塑性加工によって得られた製品の機械的性質が優れているのも塑性加工の特徴の1つと言えます。

第4章

銅および銅合金の表面処理方法

21 前処理

―汚れや錆などの異物を取り除く

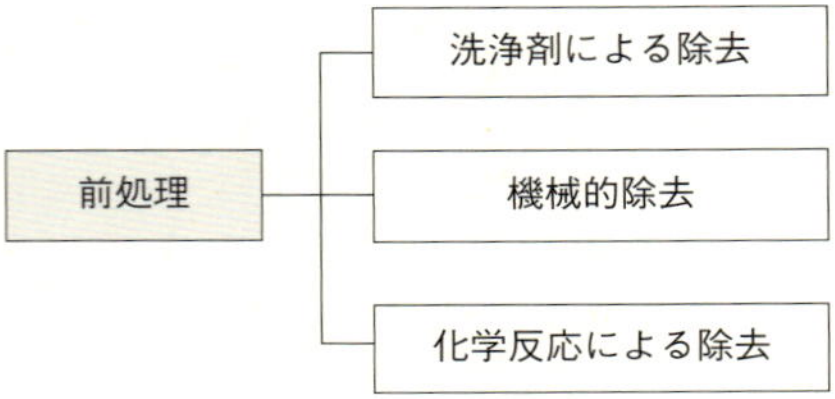

図29　前処理の分類

金属表面には、加工時の潤滑油などの汚れが付着している場合が多い。また、金属を湿度の高い場所で長期間保管すると、その表面に錆が発生する場合も少なくない。このような金属表面に付着している**汚れや錆などの異物**は、めっきや塗装など各種表面処理の不良の原因となる場合が多いため、表面処理前にこれらを**除去**する必要がある。この表面処理前の除去処理を「**前処理**」と呼ぶ。

前処理を大別すると、**図29**に示すように、「洗浄剤による除去」「機械的除去」「化学反応による除去」に分けることができる。

「**洗浄剤による除去**」は、**金属を洗浄剤に浸して洗浄**する方法で、その代表的な洗浄方法として、潤滑油などの有機物を除去する**脱脂処理**を挙げることができる。脱脂処理は、一般的に浸漬脱脂、電解脱脂などの複数工

表 13　銅および銅合金の化学研磨液

研磨液	組　成	温度 / 時間
過酸化水素系	H_2O_2　2 ～ 10mol/ H_2SO_4　0.1 ～ 2mol/L 安定剤 適量	室温～ 50℃ 1 分～数分

程で行われる。

「**機械的除去**」は、**金属表面を物理的に除去**する方法で、**物理研磨**、あるいは**機械研磨**と言われる。具体的には、投射加工、バレル研磨、研磨布紙による研磨である。

「**化学反応による除去**」は、**化学的な腐食**により金属表面全体、あるいは金属表面の不要な**異物を除去**し、金属表面を滑らかにする方法で、**エッチング**や**化学研磨**と呼ばれる。銅および銅合金の化学研磨液の代表例を表13に示す。薬品による化学研磨のほかに、薬品中で電気エネルギーを負荷して電気化学的に金属を溶解させる**電解研磨**もある。

22 化成処理

—化学反応で表面に皮膜を生成させる

「**化成処理**」とは、**化学反応で金属表面に素地とは異なる皮膜を生成させる表面処理加工**のことで、塗装の下地処理、潤滑処理、耐食性向上、着色に利用される。処理温度は室温から１００℃前後が一般的であり、処理方法は被処理物の処理薬品への浸漬や塗布のため、小物部品に幅広く適用されている。

化成処理の種類と用途・皮膜は、**図30**に示すとおりである。化成処理を大別すると、「クロメート処理」「リン酸塩処理」「着色処理」の3種類に分類される。

「**クロメート処理**」は、**クロム酸化合物を含有する酸性溶液**に浸漬させて、めっき皮膜や金属の表面にクロメートと呼ばれるクロム系酸化物や水和物の皮膜を生成させて、めっき皮膜や金属の耐食性

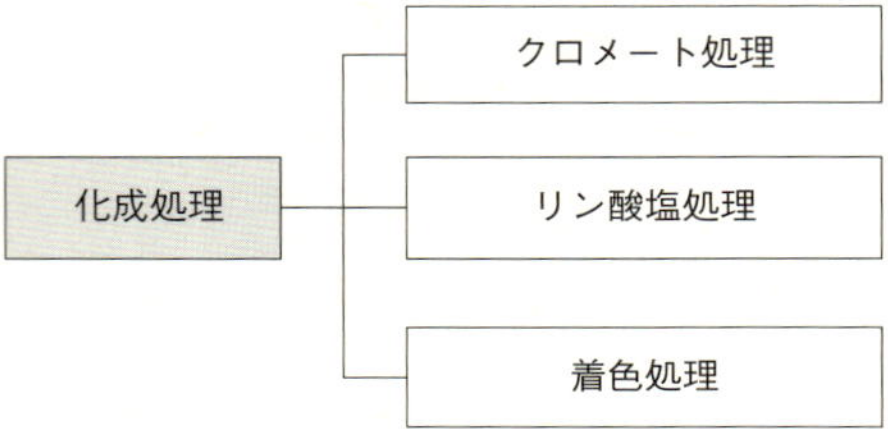

図30　化成処理の種類と用途

表14　黄銅の着色処理条件

皮膜色調	浴組成	温度・時間
赤色	硝酸鉄　2g/L 次亜塩素酸ナトリウム　2g/L	75℃・数分
青色	次亜塩素酸ナトリウム　2g/L 酢酸鉛　1g/L	100℃・数分
緑色	硫酸銅　75g/L 塩化アンモニウム　12.5g/L	100℃・数分
黒色	炭酸銅　400g/L アンモニア　3500mL/L	80℃・数分

を向上させる化成処理である。

「**リン酸塩処理**」は、**リン酸を含有する溶液**に金属を浸漬させて、金属の表面にリン酸系の化合物皮膜を生成させる化成処理であり、金属の耐食性向上や塗膜密着性向上を目的とした塗装の下地処理、潤滑処理に用いられる。

金属の表面に形成される酸化皮膜は、酸化物自体の色調や、その厚さによる干渉効果によりさまざまな色調を作り出すことが可能なため、「**着色処理**」で金属の表面に酸化物や硫化物の皮膜を形成させて、金属に着色している。**表14**に黄銅の着色処理条件と得られる皮膜色調の事例を示す。化成処理により、赤色、青色、緑色、黒色などのさまざまな色調の皮膜を得ることができる。

23

無電解めっき

―電気を使用せずに金属表面にめっきを行う

「**無電解めっき**」とは、**電気を使用せずに溶液に金属を浸漬**して、その金属表面にめっきを行う湿式めっきである。無電解めっきは、還元剤を使用しない「置換型無電解めっき」と、還元剤を使用する「還元型無電解めっき」に分けられ、そのメリットは、めっき厚さの分布が被めっき金属の形状によって影響を受けず、**均一な厚さの皮膜を形成可能**なことである。デメリットは、めっき反応の進行に伴う金属イオンや還元剤が消耗するため、それらの逐次補給が必要で、**めっき溶液の管理が難しい**ことである。

無電解銅めっきは、プラスチックの電解めっき用下地としての導電性付与や、導体回路形成などに使用されている。無電解銅めっきの浴組成と条件を**表15**に示す。

表15　無電解銅めっきの浴組成と条件

浴組成	温度
硫酸銅　0.03 モル /L ホルマリン　0.3 モル /L ロッセル塩　0.3 モル /L 水酸化ナトリウム（pH12.8 調整）	20 ～ 30℃

24 電解めっき

―電気を使用して金属表面にめっきを行う

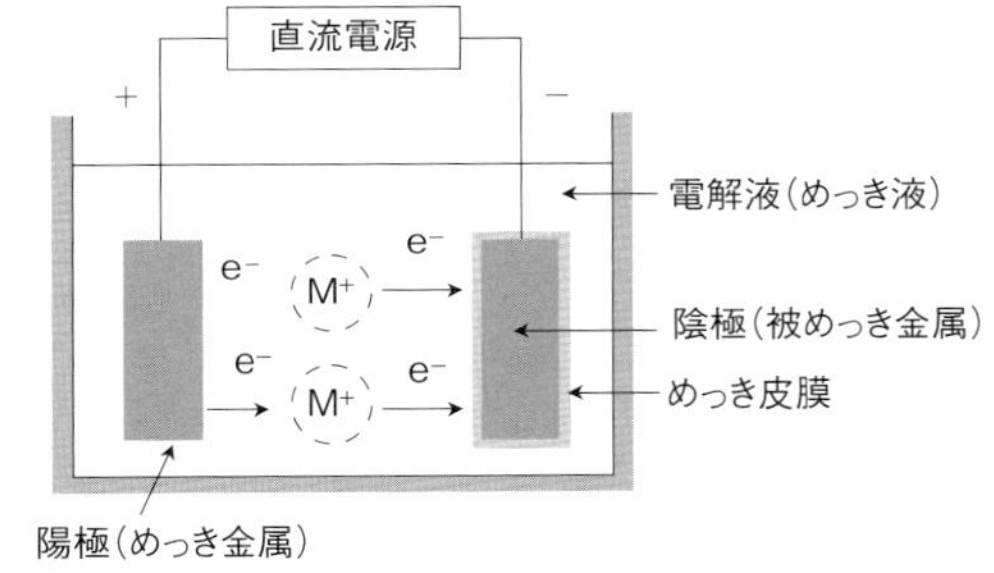

陽極（＋）反応：M（金属）→M^{n+}＋ne^-
陽極（−）反応：M^{n+}＋ne^-→ M（金属）

図 31　電解めっきの原理

「電解めっき」とは、**電気分解による金属の析出を利用しためっき**のことである。その原理は、図31に示すように、金属イオンを含む電解液を用いて、被めっき金属を陰極、陽極にはめっきしようとする金属を用いて、陰極表面に金属イオンから還元された金属が析出してめっき皮膜が形成される。電気めっきは、装飾品に用いられてきたが、最近では微細な電子部品への金めっき、銅めっき、ニッケルめっきに利用されている。

銅めっきは、**下地めっき**として用いられるほかに、はんだ付け性改善を目的とした**表層めっき**としても用いられる場合もある。電解銅めっき浴としては、硫酸銅浴、

表16　電解銅めっきの浴組成と条件

浴組成	条件
硫酸銅　200～250g/L 硫酸　30～75g/L 金属銅　50～60g/L	浴温度　20～60℃ 陰極電流密度　1～10A/dm^2 陽極電流密度　0.5～5A/dm^2

ほうふっ化銅浴、シアン化銅浴、ピロリン酸銅浴がある。**硫酸銅浴**は光沢、平滑性にすぐれており、装飾用の下地めっきに用いられる。**ほうふっ化銅浴**は高速めっきが可能で電鋳に用いられる。**シアン化銅浴**は、鉄鋼素地に直接めっきすることができ、**ピロリン酸銅浴**は緻密で均一なめっきが得られる。硫酸銅浴の代表的なめっき浴組成と条件を**表16**に示す。

25 防錆処理

──溶液に浸し錆を防止するための皮膜をつくる

銅および銅合金を大気中に放置すると、表面に厚さ20～150ナノメートル（1ナノメートルは0・000001ミリ）程度の薄い**酸化物や硫化物の皮膜**が経時的に形成され、光の干渉により赤や紫に発色する場合がある。これを「**変色**」と呼び、銅および銅合金からなる製品の外観不良につながる場合がある。**表17**に、銅表面色と酸化皮膜厚さを示す。変色皮膜の成長には、温度や湿度のほかに、NOx、SOxと呼ばれる窒素酸化物や硫黄酸化物やなどの不純物ガスなどが影響を及ぼすことが知られている。

このような銅および銅合金の変色防止剤として、**有機防錆処理剤**の1つである**ベンゾトリアゾール**が知られている。図32に、

表17　銅表面色と酸化皮膜厚さ

表面色	厚さ（nm）
暗褐色	20～35
赤褐色	30～40
紫色	35～45
青色	40～50
緑色	60～80
黄色	80～100
橙色	100～120
赤色	110～150

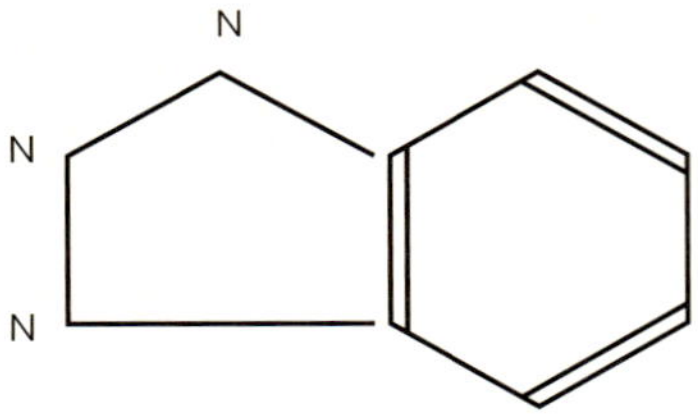

図 32　ベンゾトリアゾールの構造

ベンゾトリアゾールの構造を示す。ベンゾトリアゾールはＢＴＡとも表現され、銅あるいは銅酸化物と反応して、銅および銅合金表面に無色で半透明のCu-ＢＴＡ皮膜を形成し、銅および銅合金の変色を防止することができる。具体的な処理条件は、50～80℃に加熱した0・1～1％のベンゾトリアゾール水溶液中に銅および銅合金を浸漬させる。一般的には脱脂、酸洗い後に処理を行う場合が多い。また、ベンゾトリアゾール成分が練り込まれた各種の防錆紙も市販されており、銅および銅合金の保管中の変色防止に効果的である。

コラム　4

受け継がれる高岡銅器の着色技法

富山県高岡市は、伝統工芸の銅器産地として400年余りの歴史を有する国内では数少ない地域の1つです。現在でも伝統的な製作方法が継承されており、茶器、花器、香炉、仏具、梵鐘などの多くの銅製品が生産されています。化成処理による銅製品の着色は高岡銅器の表情を決定する工程とされており、熟練職人がさまざまな技法を駆使して、銅製品の表面を化成処理により腐食させて鮮やかな色調を付与しています。具体的な高岡銅器の着色に用いられている伝統的な銅合金の着色として、「糖みそ焼き」「煮色」「緑青」と言われる、銅製品を焼いたり、煮たり、漬けたり、擦ったりしながら化成処理を施す技法が用いられています。

第5章

純銅の種類と特徴

26 純銅の種類

―「タフピッチ銅」「リン脱酸銅」「無酸素銅」の3つに分けられる

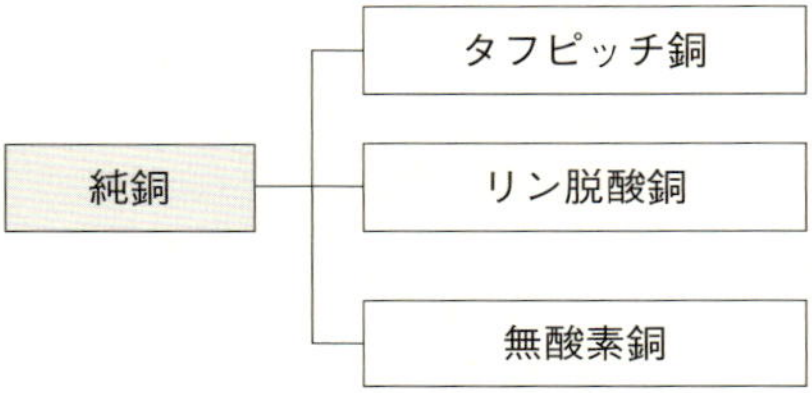

図33　純銅の分類

「**純銅**」とは**工業用に製造される高純度の銅**のことである。純銅を大別すると、**図33**に示すとおり、「タフピッチ銅」「リン脱酸銅」「無酸素銅」の3つに分けられる。それぞれのＪＩＳ製品規格に規定されている純銅系合金種を**表18**に示す。

「**タフピッチ銅**」は0・03～0・05％の酸素を含有する純銅で、電解精錬で得られた電気銅地金を反射炉で溶解し、溶湯を還元させて酸素量を調整した後に所定の形状に鋳造される。タフピッチ銅は、**展延性**、**電気伝導性**、**熱伝導性に優れ**ており、板、条、管、棒、線に加工されて、工業材料として使用されている。タフピッチ銅に含まれる0・03～0・05％の酸素は、銅結晶の粒界と粒内にCu_2Oとして分散しており、タフピッチ銅を水素雰囲気中で加熱すると、水素の拡散によりCu_2Oを還元

表 18　純銅系合金種

	JIS 合金番号	化学成分（重量%）	
		銅	リン
無酸素銅	C1020	99.96 以上	-
タフピッチ銅	C1100	99.90 以上	-
リン脱酸銅　1A 種	C1201	99.90 以上	0.04 以上 0.015 未満
リン脱酸銅　1B 種	C1220	99.90 以上	0.015 ～ 0.040

し、水蒸気発生による水素脆性が起こってしまう。この水素脆性を抑制するために、溶湯をリンで脱酸させた純銅を「**リン脱酸銅**」と呼ぶ。リン脱酸銅は、約0・02％程度残留するリンにより導電率が低下するため、電気用材料としてはあまり使用されず、熱交換機用の銅管に使用されている。一方、「**無酸素銅**」は、無酸素保護ガス雰囲気、あるいは真空中で溶解して製造される。そのため、無酸素銅中に含まれる酸素量は0・001％以下と極めて低い。

27 密度

―銅の密度はアルミニウムより大きく軽量化にはアルミニウムのほうが有利

「**密度**」とは、**単位体積あたりの重量**のことで、その単位はグラム／立方センチ（g/cm³）で表される。昨今、自動車や航空機をはじめとするさまざまな輸送機器分野では軽量化が求められており、その構造材料に用いられる金属の密度は、材料選定するうえで重要な物性値と言える。**表19**に、純銅と純アルミニウムの密度を示す。純銅の密度が8・93グラム／立方センチに対して純アルミニウムの密度が2・71グラム／立方センチであり、**軽量化を検討する場合**は、**銅よりアルミニウムのほうが有利**である。

表19　銅とアルミニウムの密度

	密度（g/cm³）
銅	8.93
アルミニウム	2.71

28 加工性

―銅のほうがアルミニウムより加工性が優れている

銅とアルミニウムは、いずれも優れた冷間加工性を有しているため、塑性加工でさまざまな形状に変形させることが可能である。しかし、銅とアルミニウムの加工性には差があり、**銅のほうがアルミニウムより冷間加工性が優れている**と言われている。そこで、この銅とアルミニウムの冷間加工性の違いについて解説する。

金属を冷間で塑性加工すると、加工歪が金属内に蓄積し、金属の硬さは塑性加工とともに高くなっていく。このことを「**加工硬化**」と呼び、金属の強化機構の1つである。銅とアルミニウムでは、この加工硬化のしやすさに違いがある。具体的には、銅のほうがアルミニウムより加工硬化しやすいのである。加工硬化の大小を表す数値として**加工硬化係数**があり、銅とアルミニウムの代表的な加工硬化係数を**表20**に示す。加工硬化係数が大きいほど硬くなりやすいことから、銅の

表20　銅とアルミニウムの代表的な加工硬化係数

	加工硬化係数
銅	0.57
アルミニウム	0.27

ほうがアルミニウムより硬くなりやすい。また、加工硬化係数は変形の均一性とも関係があり、加工硬化係数の高い銅はアルミニウムと比較して均一に変形しやすい特性を有している。なお、応力 σ と歪 ε、加工硬化係数 n との関係は次式の関係がある。

$$\sigma = K\varepsilon^{n}$$ （K：材料因子）

このように、銅のほうがアルミニウムより加工硬化係数が大きく、**均一に変形しやすい**ことから、銅は冷間で塑性加工しても破壊することなく複雑な形状を付与することが可能なのである。例えば、後述する金管楽器や、日本の伝統工芸技術として槌起（ついき）と呼ばれる1枚の銅板から継ぎ目のない急須を作り出せるのは、職人芸とも言える技術もさることながら、銅の優れた冷間加工性によると考えられる。

29 導電性

―銅は銀に次いで電気を伝えやすく、電線や電子機器部品に使用されている

表21　各種金属材料の導電率

	導電率（% IACS）
銀	108
銅	102
金	81
アルミニウム	61

銅は銀に次いで電気を伝導しやすく、銅は金属材料の導電率の基準となっている。具体的には、１９１３年に焼鈍した軟銅の20℃における固有抵抗１・７２４１μΩセンチを標準として１００％ＩＡＣＳ（International Annealed Copper Standard）と定めて、種々の材料の導電率が百分率で表されている。**表21**に、各種金属材料の導電率を示す。このように銅は、工業材料として用いられる金属材料の中で最も導電率が高い。なお、現在は精錬技術の進歩によって銅の純度が向上したため、最高純度の銅の導電率は、制定された１９１３年より向上し、１０２％ＩＡＣＳとなっている。一方、アルミニウムの導電率は61％ＩＡＣＳであり、工業材料として用いられる金属材料の中で銅に次いで導電率が高い。そのため、後述のとおり、銅とアルミニウムは**電線や電子機器部品などの導電材料**に用いられている。

30 熱伝導性

――銅は電気だけでなく熱も伝えやすく、熱交換機やエアコンに使用されている

金属中においては、自由電子が担い手となって電気も熱も伝導するため、**図34**に示すように、導電率と熱伝導度は常に比例関係にある。導電率と同様に、銅は銀について熱伝導度が高い。**表22**に、各種純金属の熱伝導度を示す。もっとも熱伝導率の高いのは銀で、その次が銅、金、アルミニウムの順となっている。**工業材料として用いられる金属で最も熱伝導率が高いのは銅**であるため、銅は**熱交換機**や**エアコン**、**ガス湯沸かし器**などに用いられている。一方、自動車のラジエーターも以前は銅でできていたが、自動車の軽量化への対応から4番目に熱を伝えやすいアルミニウム合金製となっているようだ。

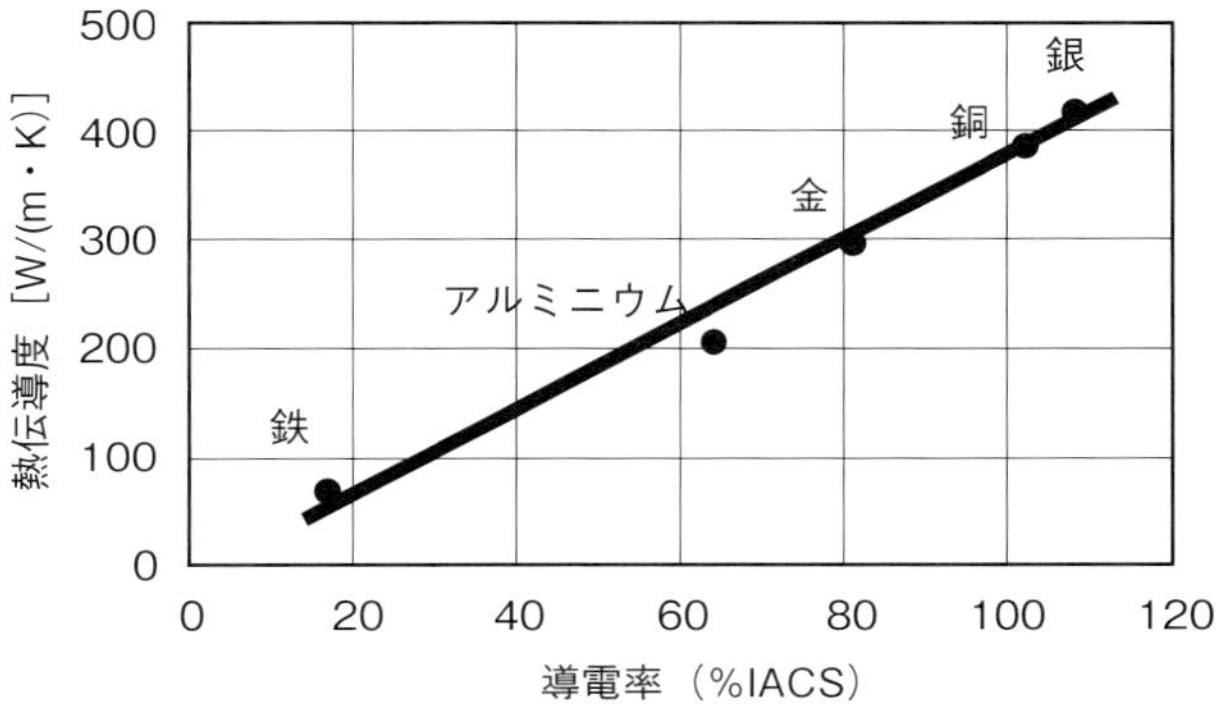

図 34　導電率と熱伝導度の関係

表 22　各種金属材料の熱伝導度

	熱伝導度［W/(m・K)］
銀	418
銅	386
金	295
アルミニウム	204

31 耐食性

―銅は耐食性にも優れ屋根や雨どいに使用されている

銅は、大気や淡水および海水における**耐食性が優れ**ているため、**屋根や雨どいなどの建築材料**に使用されている。銅の耐食性の良さは、表面に形成される皮膜に依存しており、その皮膜が銅の素地を保護して腐食の進行が防止される。例えば、**図35**に示すように、屋外の銅葺き部材には「**緑青**」と呼ばれる緑色の錆が発生しているのをよく見かける。大気中では銅は緑青が保護皮膜となって、銅内部への腐食が抑制されている。緑青の皮膜は環境によって異なり、塩基性硫酸銅 $CuSO_4 \cdot 3Cu(OH)_2$ や塩基性炭酸銅 $CuCO_3 \cdot Cu(OH)_2$、塩基性塩化銅 $CuCl_2 \cdot 3Cu(OH)_2$ がある。一方、淡水中では銅酸化物の1つである Cu_2O を主体とする皮膜が銅の表面に生成して内部への腐食が抑制されている。なお、この保護皮膜が剥がれる流動環境下では、銅の耐食性は著しく低下するので、注意が必要である。また、銅は酸化剤が存在しなければ、酸にもアルカリにも腐食されない。

一方、アルミニウムの耐食性は、銅と同様にアルミニウム表面に形成される酸化皮膜に依存している。アルミニウムは大気中の酸素と水分によって、室温であればバイエライトと呼ばれる

β Al_2O_3・$3H_2O$ 皮膜が、90℃以上であればベイマイトと呼ばれる α Al_2O_3・H_2O 皮膜がそれぞれ生成され、アルミニウムの腐食が抑制される。しかし、これらの皮膜が安定なのは中性環境下の場合であり、酸性、アルカリ性の環境下においては、これらの皮膜は破壊してしまうため、酸性、アルカリ性の環境下ではアルミニウムは腐食が発生してしまう。

図 35　屋外の銅葺き部材

32 有色性

——銅は亜鉛を添加することで赤銅色から黄金色へと色が変化する

アルミニウム含めて、大多数の金属は銀白色の色調であるのに対して、はっきりと**色調を有している金属は金と銅のみ**である。そのため、金が宝飾品に使用されるのと同様に、銅の赤銅色やほかの金属との合金化による色調変化は古くから活用されており、意匠性の求められる製品に銅や銅合金が用いられてきた。**表23**は、銅に亜鉛を添加した際の色調の変化を示す。**銅に亜鉛を添加**することによって、**赤銅色から黄金色へと色が変化**する。銅にニッケルを添加することによって、赤銅色から銀白色へと色が変化する。このような亜鉛添加による黄金色への変化、ニッケル添加による銀白色への変化を利用し、Cu-Zn-Ni合金では合金組成によって銅赤色、浅黄色、銀白色が得られる（40を参照）。

一方、アルミニウムは、大多数の金属と同様に銀白色を呈する金属であり、一部の金とアルミニウムの金属間化合物を除いて、アルミニウムの実用合金で色調を有するものは、筆者の知る範囲においては確認できていない。

表 23　銅に亜鉛を添加した際の色調変化

	JIS 合金番号	亜鉛含有量（重量%）	色調
無酸素銅	C1020	0	赤色
丹銅 2 種	C2200	10	黄色を帯びた赤色
丹銅 4 種	C2400	20	淡橙色
黄銅 1 種	C2300	30	緑色を帯びた黄色
黄銅 2 種	C2680	35	黄金色
黄銅 3 種	C2800	40	赤色を帯びた黄金色

33 殺菌性

――銅は菌の働きを抑える、もしくは死滅させる

銅は、**細菌類の働きを抑える**、もしくは**死滅させる**特性を有していることが知られている。詳しいメカニズムはいまだに解明されていないようだが、レジオネラ菌や黄色ブドウ球菌、病原性大腸菌O-157に対して抗菌効果を有していることが実験で明らかになっている。2008年3月に米国環境保護庁より、「銅、真鍮、ブロンズなどは人体に有害な致死性のある病原体を殺菌し、公衆衛生に効果がある」という表示が法的に認可されたこともあり、院内感染予防のための**病院のドアノブや手すり**への銅や黄銅の使用も進められている。

一方、アルミニウムにおいては、フィルム密着試験法にて24時間以内での黄色ぶどう球菌や大腸菌の生菌数の減少が認められたとの報告もあるようだが、殺菌性は銅のほうがアルミニウムより優れているようだ。

34 銅の強み、弱みは？

―銅はあらゆる面ですぐれた金属だが軽量化やコスト削減には向かない

上述の銅の特性をアルミニウムと比較した結果を**表24**に示す。銅は、アルミニウムに対して程度の差こそあれ、加工性、電気・熱の通しやすさ、耐食性、色調、殺菌特性において優っていることがわかる。それに対して、密度はアルミニウムのほうが小さく、単位体積当たりの重さは軽いため、自動車をはじめとする輸送機器に求められる軽量性の観点では、アルミニウムのほうが銅より優っている。さらに銅とアルミニウムを２０１７年の平均材料価格の面で比較すると、銅は６１６２ドル／トンに対してアルミニウムは１９６７ドル／トンであり、単位重量当たりの価格ではアルミニウムは銅の約１／３であり、単位体積当たりに換算すると銅とアルミニウムとの価格差はさらに拡がる。

以上から、銅は、アルミニウムに対して**加工性、電気・熱の通しやすさ、耐食性、色調、殺菌特性といった機能性での優位性はある**一方で、**軽量性や材料価格面で劣っている**ことから、アルミニウムの特性で品質担保できる製品であれば、その軽量化やコスト削減の観点からの**銅からアルミニ**

ウムへの代替は、今後、さらに**加速**していくであろう。実際、自動車1台当たりに使用される銅の重量は約10キログラムと言われており、自動車の燃費向上への対応で、自動車1台当たりに使用される銅重量の約6割を占めるワイヤーハーネスと呼ばれる電線部品の銅からアルミニウムへの変更も検討されており、一部でアルミニウム合金のワイヤーハーネスが採用されている。

さらには、銅の機能性とアルミニウムの軽量性を併せ持ったクラッド材と呼ばれるサンドイッチ状の銅／アルミニウム複合金属の利用も種々の分野で拡がってきており、今後の更なる用途拡大が期待される。

表24　銅とアルミニウムの特性比較

		銅	アルミニウム
機能性	加工性	◎	○
	導電率	◎	○
	熱伝導率	◎	○
	耐食性	◎	○
	色調	◎	○
	殺菌特性	◎	○
軽量性	密度	×	◎
コスト	材料価格	×	◎

コラム　5

緑青の誤解

屋外に設置されている銅像や神社仏閣の銅葺き屋根の表面は、緑青と言われる銅特有の緑色の錆で覆われています。アメリカの自由の女神の表面もたっぷりと緑青で覆われています。皆さんは、子供のころに親から「緑青は猛毒」って言われた記憶はありませんか？　しかし、この緑青。実は無害だったのです。

この緑青は、昭和の時代まで有毒なものとして扱われていました。戦後の小学校の教科書や百科事典にも緑青は有毒と書かれていたそうです。（社）日本銅センターは東京大学に依頼し、緑青に関する動物実験を重ねました。その結果、緑青が無害であることが判明し、1984 年8月に厚生省（現　厚生労働省）が「緑青は無害に等しい」との認定を出しました。緑青が有毒であるとの誤解を招いた理由には諸説あるようですが、その一つに、昔の銅製品には人体に有毒なヒ素が含まれていたため、その銅製品の表面に発生した緑青にもヒ素が混じり、「緑青は有毒」となったようです。

第6章

黄銅と青銅の種類と特徴

35 黄銅と青銅の種類

―添加する金属の種類と量により分けられる

銅は、アルミニウムをはじめとするほかの金属と同様に、種々の金属元素を添加し合金化することにより、強度や耐食性などの特性を向上させることができる。これまでにさまざまな銅合金が開発され、実用化されている。その中で代表的な黄銅と青銅の種類と特徴について解説する。

「黄銅」は**銅に亜鉛を添加**したCu-Zn系合金の名称で、**「真鍮」**、もしくは**「ブラス」**とも呼ばれ、さまざまな用途に使用されている。黄銅の中で特に、亜鉛量4～22％のCu-Zn合金を「丹銅」と呼ぶ。Cu-Zn合金の色調は亜鉛量によって変化し、具体的には、亜鉛10％では黄味を帯びた赤色、亜鉛20％では淡橙色、亜鉛30％では緑味を帯びた黄色、亜鉛35％では黄金色、亜鉛40％では赤味を帯びた黄金色である。**表25**に、JIS規格に規定されている黄銅の合金種と用途について示す。丹銅は、加工性と耐食性に優れており、建築、装身具、化粧品ケースに使用される。亜鉛量30％以上の黄銅は、ばねや配線金具、薬きょうに使用される。

「青銅」は**銅に錫を添加**したCu-Sn系合金の名称であり、**「ブロンズ」**とも呼ばれている。一方、

表25　JIS規格に規定されている黄銅の合金種と用途

	JIS合金番号	亜鉛含有量（重量%）	用途
丹銅2種	C2200	10	建築・装身具、化粧品ケース、薬きょう
丹銅4種	C2400	20	
黄銅1種	C2600	30	薬きょう、ばね
黄銅2種	C2680	35	配線金具
黄銅3種	C2800	40	配線金具、スイッチ端子

表26　JIS規格に規定されているリン青銅の合金種と用途

	JIS合金番号	錫含有量（重量%）	リン含有量（重量%）	用途
-	C5111	4	0.1	電子電気器機用 ばね、スイッチ、 リードフレーム、コネクタ
リン青銅2種	C5191	6		
リン青銅3種	C5212	8		

錫の代わりにアルミニウムを添加したCu-Al系合金を「アルミニウム青銅」、シリコンを添加したCu-Si系合金を「シルジン青銅」、マンガンを添加したCu-Mn系合金を「マンガン青銅」と呼ぶ。このように、黄銅以外の銅合金を「○○青銅」と呼ぶほど、青銅という名称が幅広く用いられている。

なお、Cu-Sn系合金の実用組成範囲は錫10%以内であり、低錫のCu-Sn系合金は展伸材、高錫のCu-Sn系合金は鋳物に使用されている。鋳造性と耐食性に優れていることから、機械や軸受などの工業部品のほかに、鐘や美術工芸品などにも用いられる。Cu-Sn系合金をリンで脱酸し、少量のリンを残留させた合金を「リン青銅」と呼ぶ。1850年にフランスで大砲の鋳造においてはじめてリンによる脱酸が試みられたと言われている。リン青銅はばね性に優れるため、各種の電子機器用ばね、コネクターなどに使用される。表26に、

ＪＩＳ規格に規定されているリン青銅の合金種と用途について示す。

36 物理的性質

──黄銅と青銅の密度、導電率、熱伝導率

「**物理的性質**」とは、**変化しない物質の固有な特性**のことである。ここでは、黄銅およびリン青銅の物理的性質として密度、導電率、熱伝導度について、アルミニウム合金と比較しながら解説する。

「**密度**」とは、**単位体積あたりの重量**のことで、単位はグラム／立方センチ（g/cm^3）で表される。昨今、自動車や航空機をはじめとするさまざまな分野で軽量化が求められており、その構造材料に用いられる金属の「密度」は材料選定するうえで重要な物理的性質と言える。**表27**に、黄銅およびリン青銅の密度をアルミニウム合金と合わせて示す。黄銅およびリン青銅の密度は、いずれも亜鉛添加量あるいは錫添加量の増加とともに減少する。具体的には、純銅の密度が８・93に対して、Ｃ２２００（Cu-10％Zn）では８・80、Ｃ２６００（Cu-30％Zn）では８・53であり、Ｃ５１９１（Cu-6％Sn）では８・83、Ｃ５２１２（Cu-8％Sn）では８・80である。これに対して純アルミニウムの密度が２・71に対して、Ａ５０５２（Al-2.5％Mg）では２・68、Ａ６０６３（Al-Mg-Si）では

表27　黄銅、青銅、アルミニウム合金の密度

	JIS合金番号	密度（g/cm^3）
丹銅2種	C2200	8.80
丹銅4種	C2400	8.67
黄銅1種	C2600	8.53
黄銅2種	C2680	8.47
黄銅3種	C2800	8.39
-	C5111	8.86
リン青銅2種	C5191	8.83
リン青銅3種	C5212	8.80
Al-Mg系	A5052	2.68
Al-Mg-Si系	A6063	2.70
Al-Zn-Mg系	A7075	2.80

2・70、A7075（Al-5%Zn-2%Mg）では2・80であり、軽量性を検討する場合は、黄銅や青銅よりアルミニウム合金のほうが有利である。

金属は電気を通しやすい特性を有していることから、さまざまな電気・電子機器の導電材料として使用されている。その特性は「**導電率**」で示され、単位は%IACSである。**表28**に、黄銅およびリン青銅の導電率をアルミニウム合金と合わせて示す。純銅の導電率が102に対して、C2200（Cu-10%Zn）では44、C2600（Cu-30%Zn）では28であり、C5191（Cu-6%Sn）では13、C5212（Cu-8%Sn）では12である。これに対して純アルミニウムの導電率が64・94に対して、A5052（Al-2.5%Mg）では35、A6063（Al-Mg-Si）では55、A7075（Al-5%Zn-2%Mg）では33である。

金属のもう1つの特徴として、熱の伝えやすさがある。この特性を活かして、金属は熱交換器などの熱伝

表 28　黄銅、青銅、アルミニウム合金の導電率

	JIS 合金番号	導電率（% IACS）
丹銅 2 種	C2200	44
丹銅 4 種	C2400	32
黄銅 1 種	C2600	28
黄銅 2 種	C2680	27
黄銅 3 種	C2800	28
-	C5111	20
リン青銅 2 種	C5191	13
リン青銅 3 種	C5212	12
Al-Mg 系	A5052	35
Al-Mg-Si 系	A6063	53 ～ 55
Al-Zn-Mg 系	A7075	33

表 29　黄銅、青銅、アルミニウム合金の熱伝導度

	JIS 合金番号	熱伝導度［W/(m・K)］
丹銅 2 種	C2200	188
丹銅 4 種	C2400	138
黄銅 1 種	C2600	121
黄銅 2 種	C2680	117
黄銅 3 種	C2800	121
-	C5111	84
リン青銅 2 種	C5191	67
リン青銅 3 種	C5212	63
Al-Mg 系	A5052	138
Al-Mg-Si 系	A6063	201
Al-Zn-Mg 系	A7075	130

導の媒体として使用されている。その特性は「**熱伝導度**」で示され、単位はワット／メートル・ケルビン〔W/(m・K)〕である。**表29**に、黄銅およびリン青銅の熱伝導度をアルミニウム合金と合わせて示す。純銅の熱伝導度が３９４に対して、Ｃ２２００（Cu-10％Zn）では１８８、Ｃ２６００（Cu-30％Zn）では１２１であり、Ｃ５１９１（Cu-6％Sn）では67、Ｃ５２１２（Cu-8％Sn）では63である。これに対して純アルミニウムの熱伝導度が２０４に対して、Ａ５０５２（Al-2.5％Mg）では１３８、Ａ６０６３（Al-Mg-Si）では２０１、Ａ７０７５（Al-5％Zn-2％Mg）では１３０である。

37 化学的性質

―黄銅と青銅の環境による腐食のしやすさ

金などの一部の金属を除いて、ほとんどの金属は、酸化物や硫化物からなる鉱石を製錬して作られている。人間によって人工的に製造された金属は不安定な状態なため、金属は環境との反応、すなわち腐食することによって元の鉱石に戻ろうとしている。金属の「**化学的性質**」は、このような**金属の環境との反応による腐食のしやすさ**を示す特性である。金属の腐食は、金属を用いた製品の機能に影響するため、金属の化学的性質を把握することは重要である。ここでは、化学的性質として黄銅および青銅の応力腐食割れ性について、アルミニウム合金と合わせて解説する。

黄銅の化学的性質で注意しなければいけないものとして「**応力腐食割れ**」が挙げられる。**亜鉛を15％以上含有する黄銅**が、**引張応力が負荷**された状態で**アンモニアなどの腐食環境**に曝されると、時間経過とともに割れが発生する現象である。**図36**は、その発生因子を示したもので、アンモニアなどの「腐食環境」、黄銅に含まれる亜鉛含有量などの「合金組成」、黄銅に負荷される「引張応力」の3つの因子が重なり合った際に発生することが知られている。言い換えれば、これら3つの

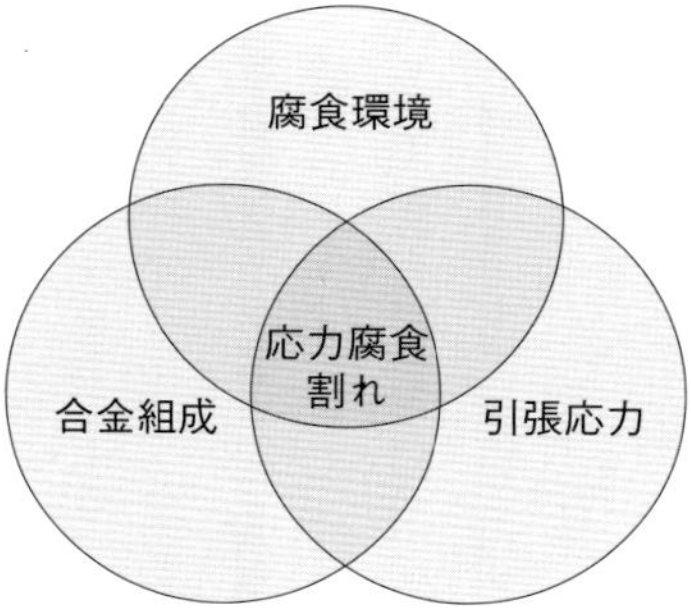

図 36　応力腐食割れの発生因子

因子のいずれか1つを抑制すれば応力腐食割れは発生しない。

一方、青銅は腐食しにくい銅合金として知られており、大気中および海水中での耐食性が黄銅より優れており、黄銅で発生する応力腐食割れも青銅では発生しにくいと言われている。

応力腐食割れはアルミニウム合金でも発生することが知られている。具体的には、マグネシウム、亜鉛、銅などを含むAl-Mg合金やジュラルミンと呼ばれるAl-Cu-Mg合金である。

38 機械的性質

―黄銅と青銅の引張強度と伸び

「**機械的性質**」は、**材料が有する強度や硬さなどの力学的特性の総称**であり、金属材料を構造材として使用するうえで重要な特性である。金属の機械的性質は材料試験によって求めることができる。ここでは、黄銅と錫青銅の引張試験によって得られる「引張強度」と「伸び」について、アルミニウム合金と比較しながら解説する。

黄銅は、亜鉛含有量の増加に伴って引張強度、伸びは増加し、亜鉛含有量が35％を超えると引張強度が急激に増加し、伸びが低下する。これは、金属組織にβ相が出現しはじめるためである。一方、錫青銅も黄銅と同様に、錫含有量の増加に伴って引張強度、伸びは増加し、金属組織にδ相が出現しはじめるために錫含有量が17％付近で最大となる。なお、錫含有量が３～７％の錫青銅は冷間加工性および耐食性が優れているが、錫の材料価格が高価なため、その用途は限られている。

表30に、代表的な黄銅およびリン青銅の焼鈍処理を施したO材および冷間加工を施したH材の引張特性をアルミニウム合金と合わせて示す。なお、アルミニウム合金の質別は、O材のほかに、強

表 30　黄銅、青銅、アルミニウム合金の引張特性の比較

	JIS 合金番号	質別	引張特性	
			引張強度（N/mm^2）	伸び（%）
丹銅 2 種	C2200	O	225 以上	35 以上
丹銅 4 種	C2400	O	255 以上	44 以上
黄銅 1 種	C2600	O	275 以上	40 以上
黄銅 2 種	C2680	O	275 以上	40 以上
黄銅 3 種	C2800	O	325 以上	40 以上
-	C5111	O	295 以上	38 以上
リン青銅 2 種	C5191	O	315 以上	42 以上
リン青銅 3 種	C5212	O	345 以上	45 以上
Al-Mg 系	A5052	O	191	20 ～ 30
Al-Mg-Si 系	A6063	O	89	−
Al-Zn-Mg 系	A7075	O	221	17
丹銅 2 種	C2200	H	335 以上	−
丹銅 4 種	C2400	H	375 以上	−
黄銅 1 種	C2600	H	410 ～ 540	−
黄銅 2 種	C2680	H	410 ～ 540	−
黄銅 3 種	C2800	H	470 以上	−
-	C5111	H	490 ～ 590	7 以上
リン青銅 2 種	C5191	H	590 ～ 685	8 以上
リン青銅 3 種	C5212	H	590 ～ 705	12 以上
Al-Mg 系	A5052	H38	289	15
Al-Mg-Si 系	A6063	T6	240	12
Al-Zn-Mg 系	A7075	T6	573	11

度を得るために施される以下の一般的な質別を選定した。

Ｈ38：断面減少率75％冷間加工後に安定化処理を施したもの

Ｔ６：溶体化後に人工時効硬化熱処理を施したもの

基本的には、黄銅およびリン青銅の引張強度および伸びは、アルミニウム合金と比較して優れている。

コラム 6

兵隊さんも困った⁉ 薬きょうの応力腐食割れ

黄銅に代表される銅に亜鉛を含有する銅合金は、引張応力が負荷された状態でアンモニアなどの腐食環境に曝されると、時間経過とともに応力腐食割れが発生することは本編で述べました。塑性加工によって形状付与される黄銅製品における応力腐食割れの発生は、その製品強度に影響を与えるため、重大な問題となり得ます。そのために、黄銅における応力腐食割れに関する研究が行われ、熱処理や添加元素などによる対策が図られています。

この応力腐食割れは、seasoning（season（季節）ing）と言われる木材の自然乾燥時の割れと似ていることから、「時季割れ」とも呼ばれます。黄銅の応力腐食割れは、モンスーン時季のインドの馬小屋で保管されたイギリス軍の真鍮製の薬きょうに発生したことで知られるようになりました。これは、馬の尿のアンモニアが原因と推測されます。

第7章

特性の際立った銅合金

39 海水に強い！ Cu-Ni合金

銅にニッケルを添加したCu-Ni合金は、「**キュプロニッケル**」、あるいは「**白銅**」と呼ばれており、優れた**耐海水性**と良好な**加工性**を有していることから、**海洋分野**に使用されている。銅へのニッケル添加は、銅の強度と耐食性を向上させる。Cu-10%Ni合金（C7060）は、Cu-Ni合金の中で最も一般的に用いられている合金であり、船舶・海洋エネルギー関連部品、海水淡水化プラントに使用される。Cu-30%Ni合金（C7150）や、これにさらにアルミニウム、クロム、もしくは錫を添加したCu-Ni合金は、さらに優れた耐海水性を有している。

Cu-Ni合金の海洋分野以外の用途として**硬貨**がある。日本の50円硬貨と100円硬貨、EUの多層構造からなる1ユーロ硬貨と2ユーロ硬貨、ロシアの5ルーブル硬貨、スイスの5フラン硬貨に使用されている（**表31**）。

表31　硬貨に使用されるCu-Ni合金

	硬貨	合金組成（重量%）
日本	50円硬貨、100円硬貨	Cu-25% Ni
EU	2ユーロ硬貨（外縁）	Cu-30% Ni
ロシア	5ルーブル硬貨	−
スイス	5フラン硬貨	Cu-25% Ni

40 抗菌作用があり変色しにくい！ Cu-Zn-Ni合金

銅に亜鉛とニッケルを添加したCu-Zn-Ni合金は「**洋白**」や「**洋銀**」、「**ニッケルシルバー**」とも呼ばれ、その実用合金組成としてCu-12～45％Zn-8～45％Niの広い組成範囲を有している。**図37**に示すとおりに、その色調は亜鉛とニッケル量によって銅赤色、淡黄色、銀白色に変化する。ニッケルが少ないものは銅赤色、淡黄色で、耐食性と強度がやや劣る。亜銅の多いものは鋳造性が良く、銅の多いものは加工性が良好である。

Cu-Zn-Ni合金は、18世紀ごろに中国からヨーロッパにもたらされた。Cu-Zn-Ni合金はもともとその**色調**が好まれた銅合金であるが、**耐食性**、**機械的性質**も優れているため、ナイフやフォーク、スプーンなどの**カトラリー**、**楽器**のほかに、ばね特性を利用した**スイッチ**や**コネクター**にも用いられる。

最近、銅合金固有の優れた**殺菌特性**を保持したまま、優れた耐変色性を有する新たなCu-Zn-Ni合金が開発され、実用化された。その合金は、強度と延性のバランス、加工性に優れており、高い強

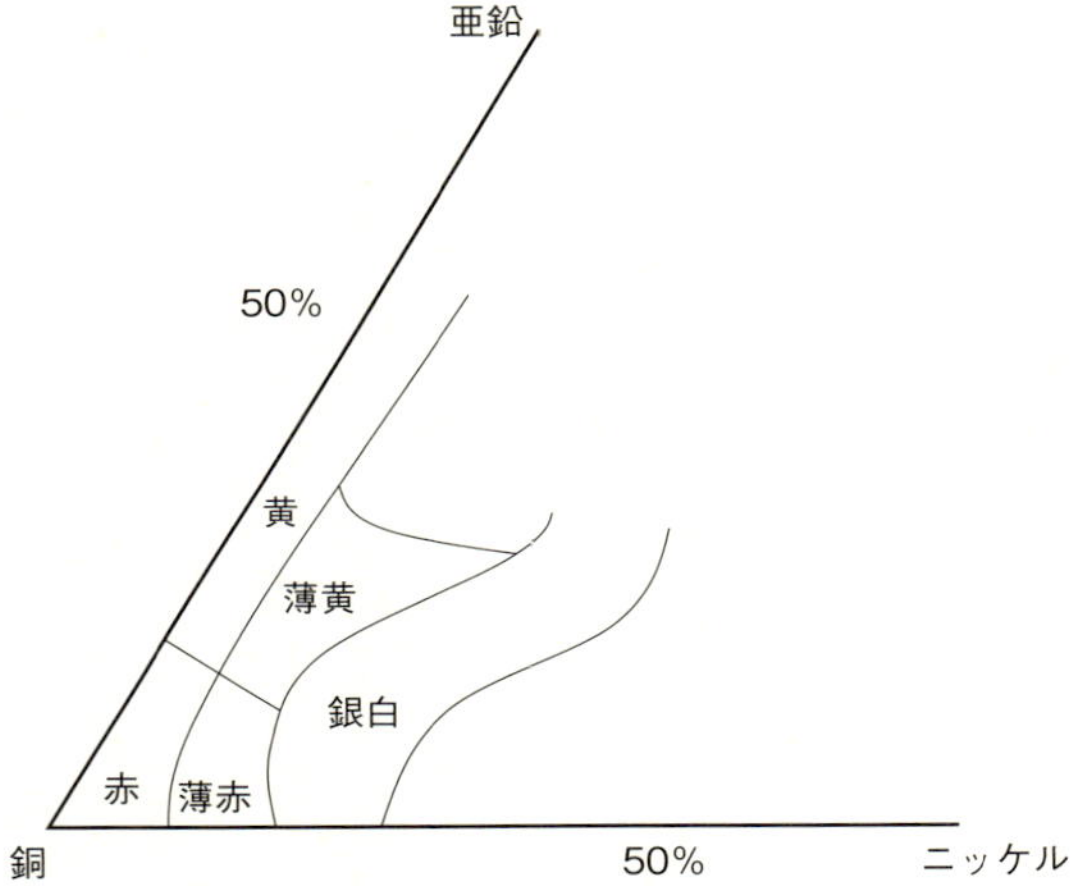

図 37　Cu-Zn-Ni 合金の色調

度と加工性が要求される製品に対して最適な材料で、病院での院内感染を抑制するために、**ドアノブ**や**手すり**など医療関係機器への展開が進んでいる。

41 導電材料で活躍！ Cu-Ni-Si合金

銅にニッケルとシリコンを添加したCu-Ni-Si合金は、1927年にコルソン（M.G.Corson）が発明したNi_2Si析出物を分散させる時効析出型の銅合金（**コルソン合金**）で、高い**導電性**と**強度**、一定の歪を与えて保持し続けても応力低下しにくい**耐応力緩和特性**および**曲げ加工性**を兼ね備えている。ニッケルとシリコンの組成比が、Ni：Si＝4：1の際に最も時効硬化性が高い。米国のオーリン社により開発されたCu-Ni-Si系のコルソン合金にMgを添加したC7025の特性を**表32**に示す。世界標準のコネクター用銅合金として使用されている。なお、Cu-Ni-Si合金の特性をさらに向上すべく、現在でも活発にCu-Ni-Si系合金の開発が行われている。

表32　Cu-Ni-Si合金の特性

合金番号	質別	合金組成（重量%）				引張特性		導電率 (% IACS)
		Ni	Si	Mg	Cu	引張強度 (N/mm^2)	(%)	
C7025	1/2H	2.2～4.2	0.25～1.2	0.05～0.3	残	607～726	6以上	40

42 強いぞ！ Cu-Ti合金

銅にチタンを1～4％添加した、Cu_4Tiの析出による析出強化型銅合金は、「**チタン銅**」と呼ばれる。**ばね性**、**耐摩耗性**、**耐熱性**においては、ベリリウム銅より優れる特性が得られる。具体的な銅合金としては、C1990（Cu-2.9～3.5％Ti）であり、その特性を**表33**に示す。チタン添加量の増加とともに時効硬化後の強度は増加するが、加工性が低下する。その原因は、析出相が、結晶粒界と呼ばれる結晶と結晶の間に優先的に析出してしまうことが原因であり、その抑制に微量のジルコニウムが有効である。

表33 Cu-Ti合金の特性

合金番号	質別	合金組成（重量%）		引張特性		導電率（% IACS）
		Ti	Cu	引張強度（N/mm^2）	（%）	
C1990	EH	2.9～3.5	残	885～1080	15以上	13～15

43 形状記憶合金・超弾性合金 Cu-Al-Mn合金

金属は、力を加えた後に力を外すと元の形状に戻る弾性限以上に変形させると、力を外しても変形したままになってしまう。これを「**塑性変形**」と呼び、この特徴を活かして、さまざまな金属製品の形状付与を行っている。一方、塑性変形しても、熱を加えると元の形状に復元するユニークな金属材料が存在する。この金属材料を「**形状記憶合金**」と呼び、具体的にはニチノールと言われるNi-Ti合金が有名である。これは温度による結晶構造変化を利用したものであり、元の形状に復元する温度が室温より低い場合は「**超弾性合金**」と呼ぶ。

近年、新たな銅合金系の形状記憶合金・超弾性合金としてCu-Al-Mn合金が研究され、金属組織制御により実用化された。特徴としては、冷間加工率が従来の形状記憶合金と比較して2倍以上高いため、**冷間加工性**が優れている。また、集合組織などの組織制御によりニチノールに匹敵する**超弾性歪み量**を得ることが可能である。この新たな銅合金系の超弾性合金は巻き爪矯正クリップに実用化されているようだ。

44 環境に優しい！ Cu-Zn-Si合金

黄銅の被削性（切削加工のしやすさ）を向上させる目的で、鉛を0.5～5％添加した黄銅を「**快削黄銅**」と呼び、水道配管金具などに使用されてきた。鉛の人体への影響については古くから知られており、鉛が何らかの原因で体内に摂取されすぎると神経系に悪影響を及ぼすと言われている。2003年4月より日本における鉛の水質基準が強化された背景もあり、これまでの鉛を含む快削黄銅がクローズアップされ、ＥＬＶ、ＲｏＨＳ指令をはじめとする**人体に対する安全性向上**、**環境負荷低減**の社会的要請に応える快削銅合金として、**鉛フリー銅合金** Cu-Zn-Si合金が開発され、実用化された。具体的には、Cu-Zn合金に3％のシリコン添加で金属間化合物を析出させることにより、従来の鉛入り黄銅と同等の優れた快削性を実現させている。

コラム 7

金・銀・銅の共通点

オリンピックのメダルで知られる金・銀・銅にはいくつかの共通点があります。まずは人類がこれらの金属を発見した時期です。人類がこれらの金属を手にした時期はいずれも古く、紀元前とされています。次の共通点は地球上における資源としての存在状態です。銀・銅は、鉄やアルミニウムのように、鉱物と呼ばれるようなほかの元素との化合物もありますが、いずれも純金属に近い状態の自然金、自然銀、自然銅としても存在しています。このため人類は、金・銀・銅と比較的に容易に出会うことができたのかもしれませんね。

第8章

主役として活躍する用途

45 電線

―銅の重要な用途の1つ

電線には、発電所で発電された電気の変電所への送電、変電所で所定の電圧に下げられた電気の工場や家庭への配電、電気の各種の電気機器への配線の3つの役割があり、電線は銅の重要な用途の1つとなっている。

電線に使用される純銅系は、酸素を0・03〜0・05％含有した**タフピッチ銅**と、酸素やその他の不純物元素を低減した**無酸素銅**で、JIS製品規格では、タフピッチ銅はC1100、無酸素銅はC1020に規定されており、それぞれの導電率はいずれも101（％IACS）である。

一方、アルミニウム合金も電線に使用されており、主に発電所で発電された電気を変電所に送る送電用電線に使用されている。例えば、インドでは国策として積極的にアルミニウム電線の使用が進められているようだ。しかし、アルミニウムの導電率は銅と比較して低いため、銅と同じ量の電流を流すためには電線の直径を約1.6倍に増やす必要があるだけでなく、接続施工不良による異常発熱、接続箇所での腐食のリスクもあるようだ。

46 電子機器部品

―高強度と高導電性が求められる

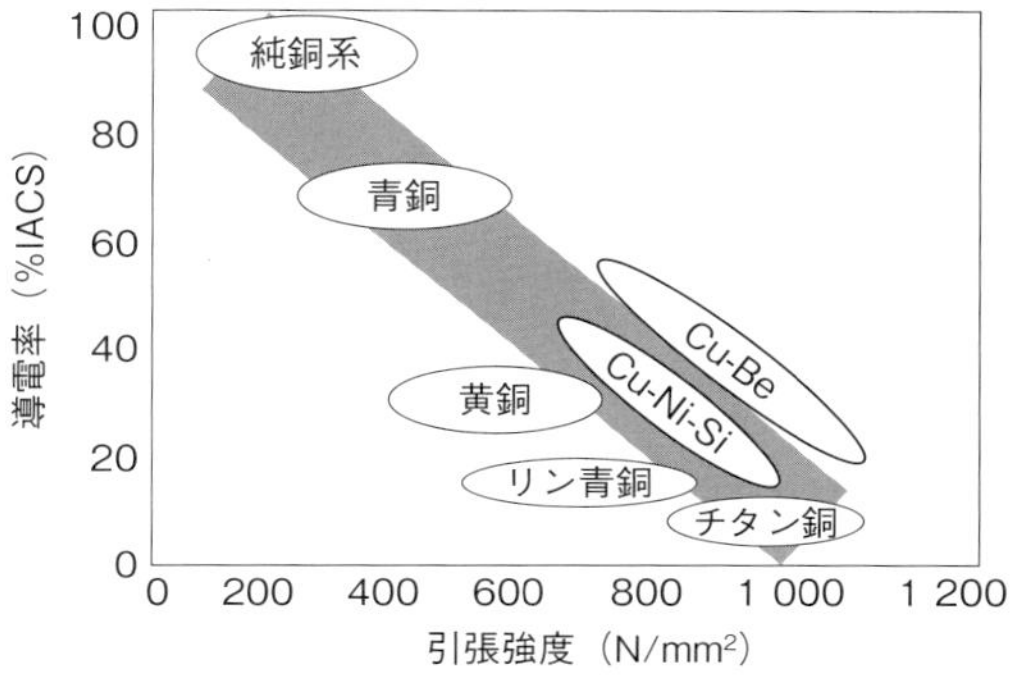

図 38　強度と導電性の関係

近年、家電や自動車に搭載されている電子機器の小型化が目覚ましく進んでいる。小型の電子機器、携帯電話やスマートフォンなどのコンパクトさが求められる機器はもちろん、家電や自動車にも搭載され、省電力化や高性能化につながっている。このような家電や自動車に搭載される電子機器の小型化に伴う配線の高密度化により、電子部品に用いられるコネクターやリードフレーム用銅合金に対して更なる**高強度**と**高導電性**が望まれているが、**図38**に示すとおり、強度と導電性はトレードオフの関係にあり、両立が難しい。ここでは特にコネクターに用いられる高強度銅合金であるCu-Be系合金について解説する。

表34　Cu-Be系合金の特性

合金番号	質別	合金組成（重量%）			引張特性		導電率（%IACS）
		Be	Ni	Cu	引張強度（N/mm^2）	（%）	
C1700	H	1.6〜2	0.2以上	残	1270以上	−	22
C1751	HM	0.2〜0.6	1.4〜2.2	残	760〜965	5以上	45〜48

Cu-Be系合金は、「**ベリリウム銅**」と呼ばれる析出硬化型の銅合金で、銅合金の中で最高レベルの強度を有する。**表34**に代表的なCu-Be系合金の特性を示す。800℃付近から急冷し、冷間加工後、275〜345℃で2時間の時効熱処理を施すと、高強度ばね材として優れた特性を有する。その一方で、コストと環境負荷の観点から、その使用が敬遠される傾向にもある。

47 硬　貨

―１円硬貨以外はいずれも銅合金

最近の電子マネーの普及は目覚ましく、コンビニエンスストアはもちろんのこと、電車のチケット購入、さらには、街角の電子マネー対応の自動販売機など、ますます身近になってきている。そのため、お財布を重くさせてしまう**硬貨**はやや敬遠されているのではないだろうか。ここでは硬貨用金属材料としての銅および銅合金について解説する。

硬貨用金属材料は、色調、耐食性、耐摩耗性、加工性、価格および安定性から、世界では一般的に銀、銅、ニッケル、鉄、アルミニウムおよびその合金が使用されている。これらの中で、銅および銅合金は古来より硬貨用金属材料に用いられている。現在の日本の硬貨は１円、５円、10円、50円、１００円、５００円の６種類があり、これらの中で**１円硬貨以外はいずれも銅合金**でできている。具体的には、**表35**に示すように、５円硬貨は黄銅、10円硬貨は青銅、50円および１００円硬貨は白銅、５００円硬貨はニッケル黄銅である。この６種類の硬貨の中で５００円高価の歴史が最も浅く、１９８２年に五百円紙幣の製造が中止された代わりに登場した。１９８２年に登場した

表35　日本の硬貨の種類と合金組成

	合金組成（重量%）
1円硬貨	Al
5円硬貨	Cu-40% Zn
10円硬貨	Cu-40% Zn-10% Sn
50円硬貨	Cu-25% Ni
100円硬貨	Cu-25% Ni
500円硬貨	Cu-20% Zn-8% Ni

500円硬貨の材質は、1999年までの19年間、50円硬貨や100円硬貨も500円硬貨と同じ、銅に25%のニッケルが入った**白銅**であった。その後、500円硬貨の偽造や変造により自動販売機から釣銭を搾取する事件が発生したため、2000年より新型の500円硬貨が導入された。新しい500円硬貨は、銅に8%のニッケルと20%の亜鉛が入った**ニッケル黄銅**である。

その一方で、500円硬貨に含有するニッケルはアレルギーを引き起こす金属として知られている。ヨーロッパで使用されているユーロコインは、高度な不正防止技術が用いられている高価な1および2ユーロ以外は、ニッケルアレルギー対策としてニッケルを含まないノルディックゴールドと呼ばれる、金色を呈する銅合金Cu-5%Al-5%Zn-1%Snが使用されている。

48 キッチン用品

──優れた熱伝導度で料理を美味しく

図39　銅製のたわし、排水溝網

銅は、その優れた特性から**キッチン用品**にも使用されている。その特性の1つは、熱伝導度である。銅の熱伝導度は、アルミニウムの約2倍、鉄の約5倍である。近ごろは、安価なステンレスやアルミニウムの鍋やフライパンに押されてあまり見なくなったが、「均一に焼けて美味しい」料理を実現する銅製の鍋やフライパンは、プロの料理人に愛用されているようだ。これも、銅の熱伝導の良さのお陰である。

もう1つは、**細菌類の働きを抑える**、もしくは**死滅させる**特性である。この特性を活かした、**図39**のような銅製のたわしや排水溝網などがある。

49 楽器

―ブラスバンドのブラスとは黄銅のこと

トランペット、ホルン、トロンボーン、チューバなどの**金管楽器**主体の吹奏楽のことを**ブラスバンド**と言う。これらの金管楽器は、**ブラス**と呼ばれる**銅に亜鉛を加えた黄銅**でできており、ブラスバンド（黄銅の楽隊）は楽器の素材に由来するのであろう。

黄銅を金管楽器の素材として用いた場合、添加する亜鉛量によって音色が異なると言われている。亜鉛を10％含むと赤味のある**レッドブラス**は、**柔らかく幅のある豊かな音色、**亜鉛を30％含む黄色味のある**イエローブラス**は　**明るく、張りのあるシャープな音色**になるとされている。金管楽器に言われる黄銅以外の銅合金として、銅に亜鉛とニッケルを加えた**洋白**がある。洋白は**ニッケルシルバー**とも呼ばれ、光沢のある銀白色の金属で、**深く重厚な音**を響かせる。管楽器の音の出し方は、マウスピースに口を当てて息を吹き込みながら唇を振動させ、この唇の振動で管が響いて音が出る。音色の違いは、亜鉛量によって黄銅の振動の仕方が異なることが理由と考えられている。

金管楽器に黄銅が用いられている理由は２つある。１つ目の理由は黄銅の**加工性の良さ**である。

トランペットをはじめとする金管楽器は、黄銅の板を薄く延ばし、加工して作られる。量産品は機械で作られるが、高級な金管楽器は職人が木槌を使った手作業で仕上げられる。銅以外の金属、例えば鉄やステンレスを金管楽器の複雑な形に成形することは至難の業である。２つ目の理由は黄銅の**価格**である。金や銀のような高価な金属はフルートには使用されるが、フルートより大きい金管楽器を金や銀で作ると値段が高すぎてしまう。金管楽器の複雑な形状の実現とその大きさから、黄銅が使用されている。

50

街を飾る銅製品

―キャラクター銅像の多くは富山県高岡市で作られている

図 40　ベンチにも利用される銅製品

街を歩くと、さまざまな銅製品を目にすることができる。ここでは、街中や公園に設置されているベンチやオブジェ・銅像など、街で見かけるおしゃれな銅製品を紹介する。

１つ目は、東京の表参道にある銅製品である。ＪＲ原宿駅から青山通りに至る表参道は欅並木で有名である。その欅並木の保護柵に、長く続く黄銅製のパイプが用いられている。その保護柵は**ブラスバンド**と呼ばれ、曲がりくねったカーブを描いており、ベンチにも利用されている（**図40**）。

２つ目は、銅鋳物の街で知られる富山県高岡市にある金屋町の石畳である。１６１１年に高岡に隠居していた加賀前田家２代当主利長は、金屋町に７人の鋳物師を呼び寄せて、土地を与えて鋳物場を開設させた。多くの特権を与えて手厚く保護したこともあり、この地に鋳物産業が根付き、今日の高岡鋳物発祥の地となっている。現在も千本格子の家並みが大切に保存されており、**銅片**が埋め込まれた石畳とともに、風情あるたたずまいとなっている（**図41**）。

３つ目は、**キャラクター銅像**である。各地方都市の空港や駅には、その都市の出身作者が描く漫画・アニメの主人公の銅像がたくさん置かれている。キャラクター銅像ブームの火付け役はゲゲゲの鬼太郎で、鳥取県境港がゲゲゲの鬼太郎の銅像で町おこしを始めたことがきっかけのようだ。キャラクター銅像の多くは上述の富山県高岡市の鋳物メーカーで製造されており、東京都葛飾区の両津勘吉像（**図42**）やキャプテン翼像も高岡市で作られた。

図41　銅片が埋め込まれた石畳

図42　両津勘吉像

51 水栓金具・バルブ

―銅の優れた加工性で複雑な形状を実現

水道水をガブガブと飲める日本は、世界において比較的珍しい国のようである。水を飲みたいときには水道の蛇口を開けて水を出し、コップに水を注ぎ終わったら蛇口を閉めて水を止める。ここでは水道の**水栓金具**や**バルブ**が銅でできていることを紹介する。

「バルブ」とは、気体や液体を通したり止めたり絞ったりするために、流体の通路を開閉できる「しくみ」をもつ機器の総称で、その起源は紀元前4世紀のエジプトで使用されていた水の木製バルブに溯る。２０００年以上前の古代ローマ時代には、既に青銅製バルブが使用されていたようである。日本に金属製バルブが登場したのは１８６３年のことで、紡績用ボイラとき一緒に輸入されたと言われている。また、日本での水道による給水は、１８８７年ごろ道路脇に設置された共用栓で開始された。当時、共用栓はイギリスからの輸入品が主であったが、次第に日本でも製造されるようになったようである。

水栓金具やバルブに用いられる銅合金は、これまで主に**青銅の１種**であるCu-５％Sn-５％Zn-５％

Pb合金が使用されてきた。この合金は、機械的性質や成形性、耐圧性、耐食性に優れているが、水道の蛇口や配管部品に用いられていた理由は、その加工のしやすさのためである。銅に鉛が入ることによって、複雑な形状でも固まりやすく、また固まった物はスイスイ削りやすくなるのだ。前述のとおり、近年の水質基準強化に伴い、鉛の代わりにビスマスやシリコンといった金属を混ぜた新しい銅合金が開発され、水道の蛇口や配管部品に用いられはじめている。

52
鍵と錠

―作り直しができるほうを摩耗しやすくしている

図43　鍵と錠

鍵と錠は、人類が財産を守るために生み出した構造部品である。最近では、情報管理にも「鍵」という言葉が使われるようになり、例えば、「仲間にしか見られないようにSNSのアカウントに鍵をかける」といった「鍵アカ」という表現もされている。

図43は昔からなじみのある南京錠であるが、錠は扉に取り付けられる部品、鍵は手にもって錠を操作する部品、鍵と錠を合わせて錠前と呼ぶ。現在使用されている錠前の原型は、すでに古代エジプト時代に完成しており、その材質は木製であった。古代ローマ時代になると金属製のものが使われるようになり、当時の青銅製の鍵も発見

されている。また、錠前に美しさも求められるようになり、美しい色調を有する**黄銅**も使われたようだ。

鍵と錠には異なる材質が使用されている場合がある。具体的には、入口のドアに取り付けられた**錠**には**ステンレス**、**鍵**には錠より軟らかい**黄銅や洋白**が用いられている場合が多いようだ。これは、開閉の繰り返しにより、作り直しが可能な**鍵が錠より摩耗しやすくさせる**ためである。

コラム 8

どうしてお寺とチャペルの鐘の音は違うの？

日本のお寺の鐘の成分を調べると、銅に混ぜ合わせた錫の量はいずれも14％以下のものばかりです。これに対して、西洋のチャペルの鐘は錫の量が20％以上のものがほとんどです。金属は、混ぜ合わせる別の金属の量が多ければ多いほど硬くなる性質があるため、西洋の鐘は日本の鐘と比べ硬くなっています。お寺とチャペルの鐘の形状も影響していますが、鐘に用いている金属の硬さが異なるために、お寺の鐘の音は低音の「ゴーン」、チャペルの鐘の音は高音の「カランカラン」と異なる音色を醸し出します。ちなみに、チャペルの鐘は、硬い反面脆いために撞きすぎると割れてしまいます。アメリカ独立150年記念切手には割れてヒビの入った自由の鐘が描かれています。

第9章

脇役として活躍する用途

53 軽くて強いジュラルミン

ジュラルミンと聞くと、現金や宝石・貴金属の輸送に使用されている**ジュラルミンケース**を思い浮かべる方が多いのではないだろうか。ジュラルミンは**アルミニウム合金の1つ**で、ジュラルミンケースをはじめさまざまな分野で活用されている。例えば、第一次大戦でロンドンの空爆で猛威を振るったドイツ軍飛行船ツェッペリン（Zeppelin）の骨組みや、今でも多くのカメラ愛好家に慕われている1932年に販売されたカメラ・コンタックス（Contax）Ⅰのシャッターの素材にもジュラルミンが使われていた。また、蓄音機の振動板にも使用されていたようだ。このように、ジュラルミンがケースや飛行船、カメラシャッター、蓄音機の振動板に使用されるのは、軽量なアルミニウムでありながら高強度であることが理由である。このような**ジュラルミンの強度に銅が寄与**していることを解説する。

構造材料として用いられる金属として、アルミニウム、銅、鉄の3つを挙げることができる。この3つの金属の中で、1立方センチ当たりの重量である密度が最も小さい金属は、アルミニウムで

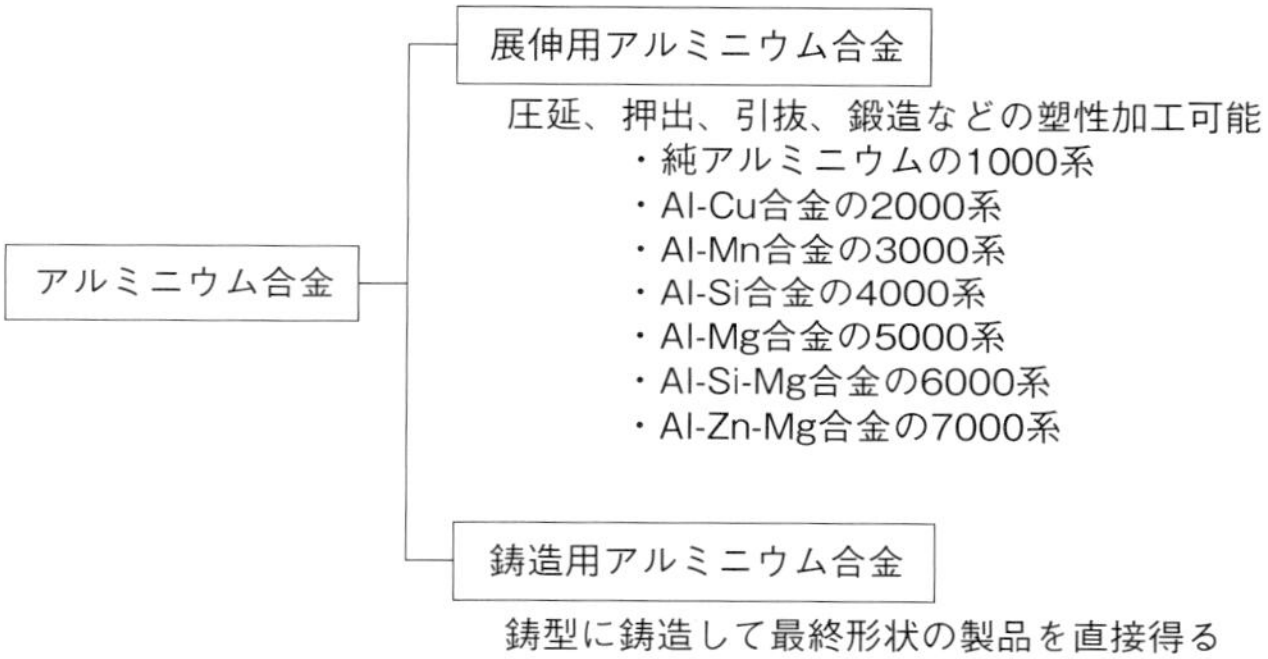

図44　アルミニウム合金の分類

ある。具体的には、アルミニウムの密度は2・7グラム／立方センチで、銅や鉄の約1／3である。そのため、アルミニウムは軽量化が求められる構造物の素材として使用される場合が多い。一方、金属は純金属のままでは十分な強度を得られないため、一般的にはほかの元素を添加した合金化によりその強度が向上される。合金化による高強度化はアルミニウムにおいても同様である。アルミニウム合金を大別すると、**図44**に示すように、「展伸用アルミニウム合金」と「鋳造用アルミニウム合金」の2つに分けられる。「展伸用アルミニウム合金」は、圧延、押出、引抜、鍛造などの塑性加工可能なアルミニウム合金であり、「鋳造用アルミニウム合金」は、鋳型に鋳造して最終形状の製品を直接得るアルミニウム合金である。「展伸用アルミニウム合金」は7種類に分類され、具体的には、純アルミニウムの1000系、Al-Cu合金の2000系、Al-Mn合金の3000系、Al-Si合金の4000系、Al-Mg合金の5000系、Al-Si-Mg合金の6000系、Al-Zn-Mg合金の7000系の7種類である。

今から約１００年以上前の１９０６年にドイツ人のウィルム（Wilm）は、**アルミニウムに銅を数%添加**したAl-Cu-Mg合金を高温から急冷して室温に放置すると次第に硬くなる現象を見出した。「ジュラルミン」は、この現象を用いたDürener Metallwelke A.G. によって製品化されたアルミニウム合金の名称で、具体的には、合金組成がAl-４・２%Cu-０・５%Mg-０・６%Mnで、現在の２０００系展伸用アルミニウム合金のＡ２０１７合金が該当する。Ａ２０１７合金の機械的性質は優れており、例えば、その最大引張強度は約４００Ｎ／平方ミリ（N/mm^2）で純アルミニウムの約4倍、ＳＳ材として知られる一般構造用鋼材に匹敵する強度を有している。Ａ２０１７合金よりさらに**銅を添加**したＡ２０２４合金は、**超ジュラルミン**と呼ばれ、その最大引張強度は約４９０Ｎ／平方ミリである。日本で１９３６年に開発されたAl-８%Zn-１・５%Mg-２%Cu-０・５%Mn-０・25%Cr合金は**超々ジュラルミン**と呼ばれ、太平洋戦争で使用された零戦に採用された。その後、墜落した零戦に使用された超々ジュラルミンの分析がアメリカによって行われ、１９４３年にアルコア（Alcoa）で開発された航空機用アルミニウム合金で知られるＡ７０７５合金の礎となったようだ。

１９０６年にドイツ人のウィルムによって発見された、銅を数%添加したAl-Cu-Mg合金の時効硬化現象から開発されたジュラルミンは、戦争を通じてさらに高強度な超々ジュラルミンが開発され、この軽量でありながら高強度であるアルミニウム合金は、これからもさらに進化し続けて、もっと身近な金属となっていくだろう。

54 柔らかい色合いのピンクゴールド

デパートの指輪やネックレスなどのアクセサリー売り場にはトップブランドのお店が一堂に集まり、金の黄金色や、プラチナや銀の銀白色以外に、柔らかい色合いのピンク色を呈した貴金属製品も見かける。ここでは**アクセサリー**に使用される貴金属の色調に影響を及ぼす銅の役割について解説する。

地球上に存在する金属元素の中で、「**貴金属**」と言われるものは、**金、銀、白金、パラジウム、ロジウム、ルテニウム、イリジウム、オスミウムの8種類のみ**である。この中でも、金は美しい黄金色と優れた加工性を有していることから、古くから宝飾品として用いられてきた。また、金の変わらぬ美しさから王侯貴族の富と権力の象徴として用いられてきた。一方で、純金は柔らかいため、宝飾品としては傷が付きやすい。そのため、宝飾品には金に銀や銅を添加した金-銀合金や金-銅合金、さらには金-銀-銅合金を用いる場合が多い。

金の品位は24分率で表され、単位はK（カラット）が用いられている。例えば、純金１００％は

Ｋ24、金75％はＫ18、金50％はＫ12となる。ちなみに、イギリスでは１５０９年に金貨の品位を91・66％（Ｋ22）と定めて最も神聖な品位としたことから、今でもＫ22を結婚指輪に用いる習慣が残っているようだ。

金は、銅と同様に色調を有する元素であり、添加元素によってその色調が変化することが知られている。**図45**は、金‐銀‐銅合金の3元状態図上にその色調を示す。金合金の色調は、銀と銅の割合を変化させることにより、黄金色を銀白色から赤銅色の範囲で変化させることが可能である。具体的には、金‐銀‐銅合金において、**銀の添加量を多くすると銀白色**に、**銅の添加量を多くすると赤銅色**に変化する。**表36**にＫ18の合金例を示す。同じＫ18でも銀と銅の添加量によってさまざまな色調になることがわかる。特に、銅が約15％以上添加された金‐銀‐銅合金の色調が赤系となるようだ。一方で、銅が多く添加された金合金ほど、酸化や硫化による変色が発生しやすくなるので、注意が必要である。

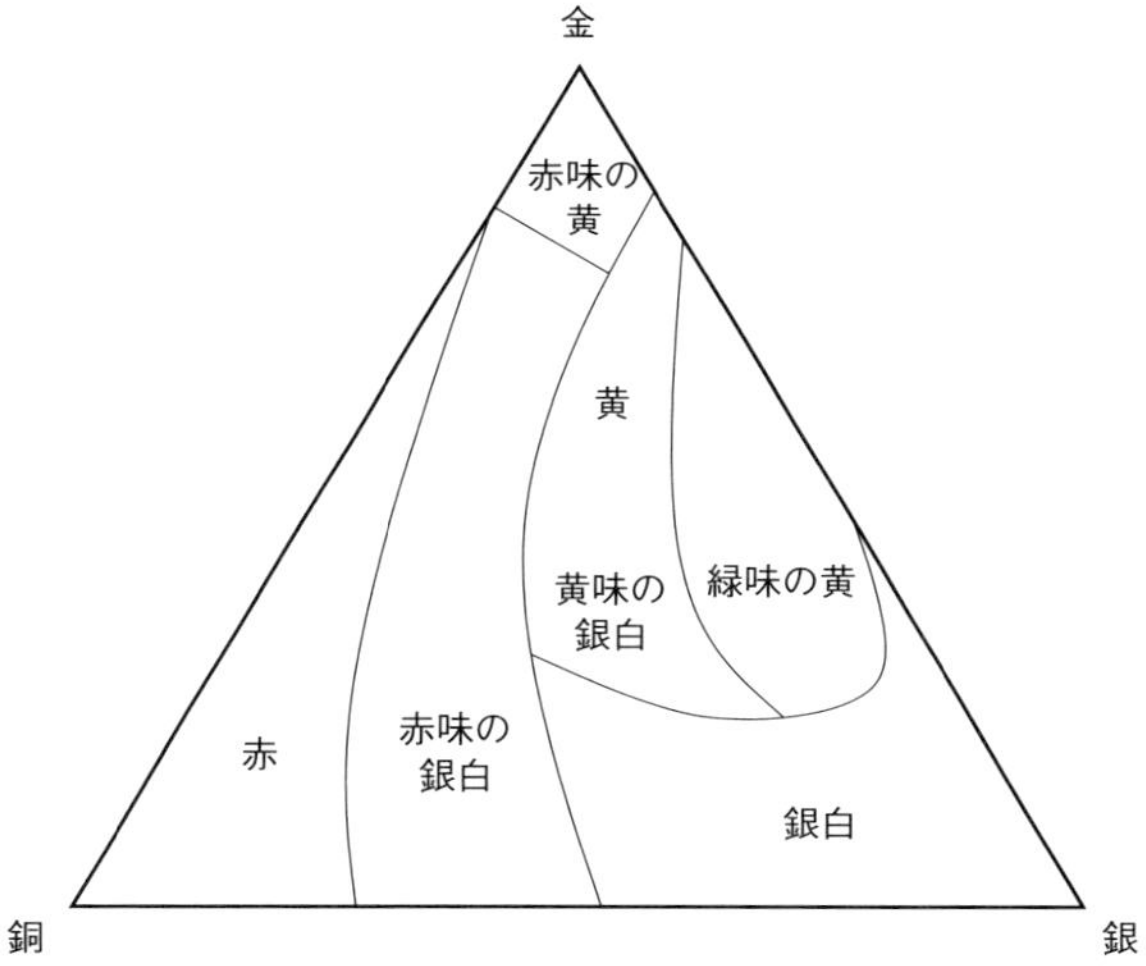

図 45　金 - 銀 - 銅合金の色調

表 36　K18 の合金例

合金組成（重量%）				合金色
金（Au）	銀（Ag）	銅（Cu）	鉛（Pd）	
75	20	5	-	黄色
75	10	15	-	ピンク色
75	5	20	-	ピンク色
75	-	-	25	銀白色
75	8	3	14	黄色味を帯びた銀白色
75	2	20	3	薄い赤色
75	19	5	1	薄い金色

55 厳かに光り輝く金箔

金箔は、金閣寺や日光東照宮などの歴史的価値が高い寺社仏閣をはじめ、漆器、陶器などの工芸品に用いられてきた。最近ではＪＲ大阪駅の大阪ステーションシティの「時空の広場」に設置された金時計や、ＪＲ九州新幹線つばめ８００系の車両内装にも用いられた。また、文字や星型に形付けられた食用金箔もあり、子供の誕生日や結婚記念日などのお祝いの食事にさりげなく華やかさを添えることができる。このような厳かに光り輝く金箔は、３つの加工工程を経て、厚さ１万分の１ミリの厚さに仕上げられる。日本の金箔の99％は石川県金沢市で生産されており、金沢の伝統工芸の１つとなっている。ところで、金箔は**純金ではなく微量の銅が含まれている**ことをご存知だろうか。金箔の特性と銅の関係について解説する。

金箔は、**図46**に示すように、「延金」「澄打ち」「箔打

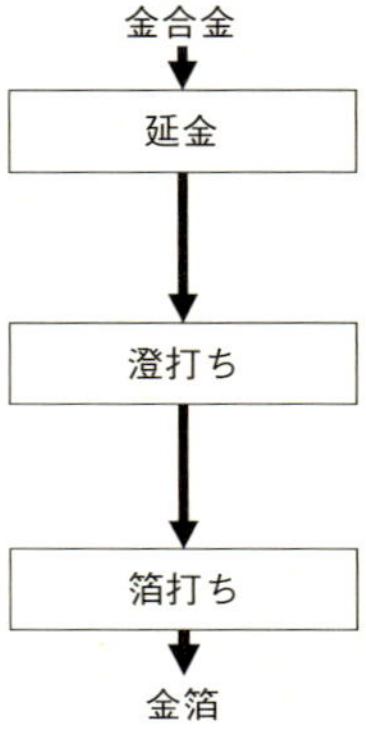

図 46　金箔の加工工程

表37　金箔の種類

合金名	合金組成（重量%）		
	金（Au）	銀（Ag）	銅（Cu）
純金5毛色	97.09	1.94	0.97
純金1号色	97.67	1.36	0.98
純金2号色	96.72	2.41	0.87
純金3号色	95.80	3.34	0.86
純金4号色	94.44	4.90	0.66

ち」の3つの工程を経て作られる。「**延金工程**」は、所定の配合の銀と銅を混ぜて固めた金を圧延（あつえん）と呼ばれる回転するロールの間に何度も通して薄いシートに仕上げる。圧延は固めた際に金の内部に存在する小さな穴を潰す効果もあり、圧延後のシート内部は穴もなく均一に仕上がる。圧延によって帯のように長くなったシートを正方形に切断する。次の「**澄打ち工程**」では、切断したシートを紙に挟んでハンマーで槌打ちし、さらに薄く延ばす。この薄く延ばされた金を上澄と呼び、「**箔打ち工程**」では、この上澄を紙に挟んでさらにハンマーで槌打ちして、厚さ1万分の1ミリの金箔に仕上げる。金箔は金を主成分とし、それに**銀と銅を添加**した金属で、**表37**に示すように、配合割合によって幾つかの種類に分類される。最も用途の広いのが銀を4・90%、銅を0・66%含む純金4号色と呼ばれるもので、食用金箔もこれと同じものである。銀や銅を添加することによって**微妙な色調**を出したり、**加工性を向上**させることができる。

56 加工しやすいステンレス鋼

ステンレス鋼（Stainless Steel）は、鉄のような赤錆が発生しない金属として知られており、その高い耐食性を活かしてナイフやフォーク、スプーン、鍋、システムキッチン、公園の滑り台や列車の外装に使用されている。ステンレス鋼は、鉄にクロムやニッケルを添加した金属である。ステンレス製品の側面や裏側をよく見ると、13とか18、18-8、18-12といった記号が刻印されており、これは添加されたクロムとニッケルの量を意味している。このような日常生活で活躍するステンレス鋼にも欠点がある。それは塑性加工性が劣る点である。そこでステンレス鋼の加工性向上に貢献する銅の役割について解説する。

ステンレス鋼を大別すると、金属組織の違いによって**図47**のとおりに分類される。この中で、オーステナイト系ステンレス鋼は18-8ステンレス鋼と呼ばれるＳＵＳ３０４を代表鋼種とし、ステンレス鋼の中で最も多く、幅広い分野で使用されている。金属を**塑性変形**させると、**金属に歪が導入されて硬くなっていく**。これを**加工硬化**と呼び、塑性加工によって形状を付与された製品の強

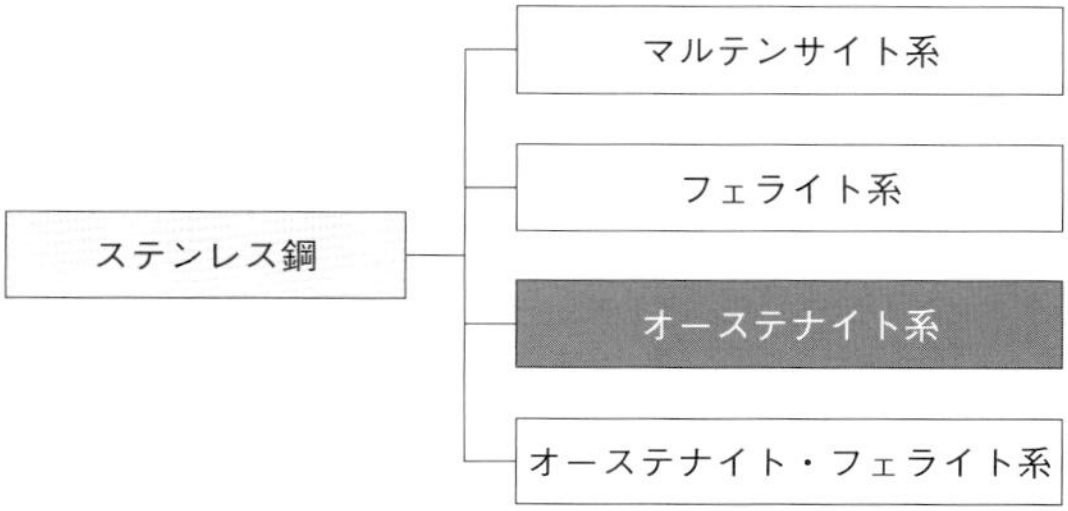

図47　ステンレス鋼の分類

度向上にも役立っている。この加工硬化のしやすさは、前述のとおり、加工硬化係数（以下、n値と示す）として$\sigma = K\varepsilon^n$で示されている。なお、σは応力、εは歪、Kは材料因子である。

オーステナイト系ステンレス鋼の加工硬化係数はフェライト系と比較して著しく高い。そのため、オーステナイト系ステンレス鋼を冷間加工した際の工具摩耗が顕著となる傾向がある。

オーステナイト系ステンレス鋼の**加工硬化を小さくする**方法として、含有する**ニッケル量の増加**と、**銅の添加**が古くから知られている。代表的な低加工硬化型オーステナイト系ステンレス鋼を表38に示す。n値は銅の添加量の増加とともに急激に低下し、添加量が3％を超えると低下度合いは少なくなる。これは、オーステナイト相に固溶した銅がオーステナイト相の結晶に欠陥を導入するのに要するエネルギーを高める効果を有するためである。

表 38　低加工硬化型オーステナイト系ステンレス鋼

合金名		合金組成（重量%）							
		C	Si	Mn	P	S	Cr	Ni	Cu
SUS304		≦0.08	≦1	≦2	≦0.045	≦0.03	18〜20	8〜10.5	-
高ニッケル	En58D	≦0.16	≧0.2	≦2	≦0.045	≦0.045	11〜14	<u>11〜14</u>	-
高ニッケル	SUS305	≦0.12	≦1	≦2	≦0.045	≦0.03	17〜19	<u>10.5〜13</u>	-
銅添加	SUS300	≦0.08	≦1	≦2	≦0.040	≦0.03	16〜18	6〜8	<u>1.5〜2.5</u>
銅添加	XM-7	≦0.08	≦1	≦2	≦0.045	≦0.03	17〜19	8〜10	<u>3〜4</u>

57 おもちゃに大活躍！　亜鉛合金

人が所蔵しているさまざまな「お宝」を、その分野の専門家が鑑定し値付けを行うテレビ番組が放映されている。このせいか子供のころ遊んだレトロなおもちゃがとんでもない値段で取引される場合も少なくない。もちろん、保存状態にもよるが、例えば、販売当時は数百円だったミニカーが10万円を超える価格で取引されたり、１９７０年代にブームを引き起こした「超合金」と呼ばれた金属製のキャラクターロボット人形に高値が付いたりしているようだ。これらの玩具はいずれも**亜鉛合金**でできている。この亜鉛合金に含まれる銅の役割について解説する。

亜鉛合金は、溶けて固まる温度が３８０℃前後と低いため、目的の形に固まらせる場合にとても都合がよい金属である。また、ダイカストと呼ばれる溶けた液体状の金属は水のように流れやすい性質を持っているため、複雑な形状の金型の隅々まで溶けた金属が流れ込み、複雑な形状を実現できる。そのため、亜鉛合金は、**ミニカーやキャラクターロボット人形**に限らず、**精密機器の部品や筐体**、**時計ケース**、**ドアレバー**など、さまざまな金属製品に用いられている。表面処理の１つであ

表39　JISに規格された亜鉛合金

	合金組成（重量%）							
	Al	Cu	Mg	Zn	Pb	Fe	Cd	Sn
ZDC1	3.5〜4.3	0.75 〜 1.25	0.02 〜 0.06	残	＜ 0.005	＜ 0.1	＜ 0.004	＜ 0.003
ZDC2	3.5〜4.3	＜ 0.25	0.02 〜 0.06	残				

るめっき処理も可能なため、意匠性が求められる用途にも利用されている。

表39に、ＪＩＳに規格された亜鉛合金を示す。亜鉛合金にはＺＤＣ１とＺＤＣ２の２種類があり、いずれも亜鉛に３・５〜４・３％のアルミニウムと０・02〜０・06％のマグネシウムを添加した亜鉛合金がベースで、ＺＤＣ１はさらに銅が０・75〜１・25％添加されている。

ＺＤＣ２は日本で最も広く使用されている亜鉛合金に対して、ＺＤＣ１はヨーロッパで最も広く使われている亜鉛合金の１つではある。

アルミニウムは、**強度、流動性を向上**させる最重要の添加元素で、添加量が４・５％を超えると脆くなってしまう。

マグネシウムは**耐食性を向上**させる効果があり、添加量が規格より多くなると熱が加わった際に脆くなってしまう。

鉛、鉄、カドミウム、錫は、いずれも不純物元素としての上限が規定されており、規格より多くなると耐食性が極端に劣ってしまう。

ＺＤＣ１とＺＤＣ２の違いとして銅の含有量がある。**銅**は、**強度と耐食性を向上**させる効果があるため、ＺＤＣ１は強度が求められる製品に使用される。ただし、銅の添加量を規格より多くすると脆くなってしまう。

表40に、ＺＤＣ１とＺＤＣ２の機械的性質を示す。ＺＤＣ１の引張強度は

表 40　ZDC1 と ZDC2 の機械的性質

	最大引張強度（N/mm^2）	伸び（%）
ZDC1	325	7
ZDC2	285	10

３２５Ｎ／平方ミリ、伸びは約７％に対して、ＺＤＣ２はそれぞれ２８５Ｎ／平方ミリ、10％と、ＺＤＣ２に対してＺＤＣ１のほうが引張強度は約４０Ｎ／平方ミリ高く、これが銅の効果と言える。

58 電子機器に欠かせない鉛フリーはんだ

はんだは金属同士の接合に用いられる金属であり、その歴史は紀元前に遡る。紀元前３０００年以前のメソポタミア時代、銅製器と銀製の取手の接合に錫-銅合金が使用されていた。紀元前３５０年には水道の鉛配管の接合に現在のはんだと同じ錫-鉛合金が使用されていた。現代では、はんだは主に電子回路で電子部品をプリント基板に固定するために使われている。はんだには、低い融点、金属同士の接合しやすさ、電気の通しやすさ、接合後の強度などの特性が求められる。これらの特性を満足する合金として、これまでは錫が60〜63％の錫-鉛合金がはんだとして使用されていた。ところが、はんだ成分の一つである鉛は人体に有害な金属のため、鉛を含まない**鉛フリーはんだ**が開発され、その使用が主流となってきている。今では、ホームセンターにも従来までのはんだと並んで鉛フリーはんだもお店に陳列されている。**表41**に、世界で用いられている鉛フリーはんだの合金を示す。具体的には、鉛の代わりに**銅や銀、ビスマスなどを添加した錫合金**である。

代表的な鉛フリーはんだとして、錫-銀合金のSn-３・５％Ａｇが挙げられる。これは、耐熱疲労

表41　鉛フリーはんだ合金

合金系	合金組成（重量%）
Sn-Ag	Sn-(3 ～ 4)% Ag
Sn-Cu	Sn-0.7% Cu-(0 ～ 1)% Ag
Sn-Ag-Cu	Sn-(3.0 ～ 4.0)% Ag-(0.5 ～ 1.0)% Cu
Sn-Bi-Ag	Sn-58% Bi-(0 ～ 1)% Ag

特性に優れた耐熱はんだとして車載用途などに実用化されていた。しかし、融点が高く、接合相手材の銅を侵食する課題があった。これらの課題を対応した鉛フリーはんだとして、錫-銀-銅合金、具体的にはSn-3%Ag-0・5%CuやSn-3・5%Ag-0・75%Cuが挙げられる。特に、前者は日本の標準的な鉛フリーはんだであり、錫-銀合金への**銅の添加**により、Sn-3・5%Agはんだの優れた**機械的性質を維持**したまま、**融点が若干低下**し、接合相手材である**銅の侵食を低減**させることが可能となっている。

59 黒子として活躍する下地銅めっき

めっきは、**薬液中の金属イオンを電気化学的な処理で、素材表面に金属薄膜を析出させる**表面処理方法の１つである。めっきの目的は、素材が保有していない特性を表面に付与することであり、具体的には、防錆、色・艶などの美観、新機能の付与で、自動車や電気製品、装飾品など、さまざまな分野で利用されている。めっきの密着性や光沢性を向上させるために、各種めっきの**下地めっき**として銅が用いられる。

めっきの歴史は古い。日本では、金めっきされた青銅器が数多く出土されており、金めっきの下地には水銀が用いられていたようである。素材に対して多層のめっきを施すことにより、処理工程が多くなり、コストアップにつながる反面、単層めっきでは得られない外観や装飾性、耐食性などの特性が向上する。例えば、金などの装飾めっきの場合、その下地に銅めっきを施すことにより**耐食性が向上**するだけでなく、銅めっきの光沢有無によって、新たな**色や艶**などの美観を得ることができる。下地銅めっきは、黒子として活躍しているのである。

60 振動を制御するマンガン合金

日常生活において振動は至るところで発生しており、身近な問題となっている。例えば、建設現場や機械からの振動など、その原因はさまざまである。このような振動を減衰させる機能を有する金属を「**制振合金**」と呼び、鋳鉄がその機能を有していることが知られている。**図48**に示すように、振動を減衰させる制振合金は、そのメカニズムにより３つに大別できる。具体的には、「転位型制振合金」「双晶型制振合金」「強磁性型制振合金」である。

１９９５年にＭ２０５２と呼ばれる優れた制振性を有する合金が開発された。Ｍ２０５２は、双晶型制振合金であり、**銅を添加したマンガン合金**で、加工性に優れて、さらには低炭素鋼と同等の強度を有していることから、構造材料として利用が拡がっている。

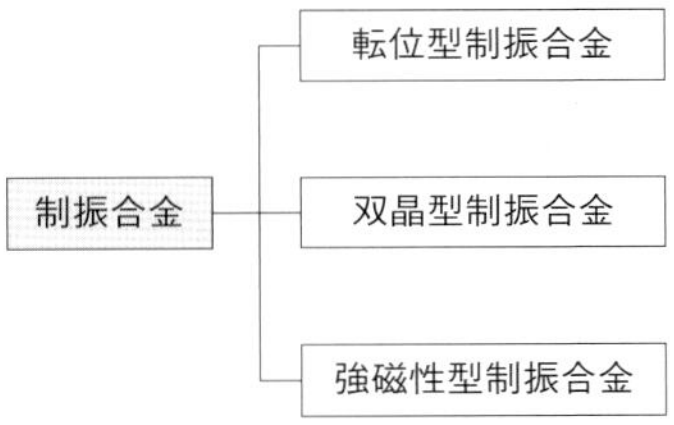

図48　制振合金の分類

コラム 9

銅とチョコレート

生体にとって生命活動を維持するうえで必要不可欠な元素を「必須元素」と呼び、必須元素はさらに生体重量の99・9％を占める「多量元素」と、残りの0・1の「微量元素」に分けられます。銅は微量元素に分類され、生物に不可欠な重要な金属元素であることが1928年に確認されました。健康な人の体内には約80ミリグラムの銅が含まれており、1日当たりの銅摂取量は2～3ミリグラムが良いとされています。摂取量が不足すると、骨がもろくなったり、運動能力が衰えたりします。

銅を多く含む食品は、ナッツ、チョコレート、貝、牛・豚のレバーなどがあります。カカオ豆には銅が多く含まれており、カカオ豆を加工したチョコレートにもそのまま銅が残存することから、チョコレートにも銅が多く含まれています。その含有量は、約25グラムのチョコレート中に0・7ミリグラムの銅が含まれていることもあるようです。

とろける味わいで人を魅了するチョコレートと銅は意外な関係があったんですね。

おわりに

筆者は、「技術者であれば、いつか自分の専門とする技術領域で書籍を出版したい」との夢を持ち、その実現の第一弾として２０１２年5月に『パパは金属博士！』を技報堂出版から出版させていただきました。前作では、日常生活の中でさまざまに使用されている金属についてわかりやすく紹介し、家族の会話形式から始まる導入部分など、皆さまからご好評をいただいております。

今回、前作に続く第二弾として『銅のはなし』を執筆いたしました。本書は、前作と同様に「よりわかりやすく」という観点で、平易な専門書となるよう、銅および銅合金に関する一連の内容をまとめました。

企業に勤務している関係上、平日の就寝前や休日を活用しながら家族の協力のもとで執筆を進めました。本書が、日本の銅および銅合金業界の発展に貢献するとともに、皆さまに銅という金属をもっと身近に感じてもらえるようになればと願っております。

２０１９年7月

吉村　泰治

参考文献

・仲田進一『銅のおはなし』（日本規格協会）２０１０年４月
・（一社）日本伸銅協会『現場で活かす金属材料シリーズ　銅・銅合金』（丸善）２０１２年１月
・（一社）日本伸銅協会『伸銅品データブック』２００９年３月
・（一社）日本伸銅協会『銅および銅合金の基礎と工業技術』２０１６年３月
・大澤　直『よくわかる最新「銅」の基本と仕組み』（秀和システム）２０１０年８月
・（社）日本金属学会『講座・現代の金属学製錬編２　非鉄金属精錬』（丸善）１９８５年５月
・（独）石油天然ガス・金属鉱物資源機構『銅ビジネスの変遷―２０００年以降』２０１８年３月
・（社）軽金属協会『アルミニウムハンドブック』１９９０年１月
・清水進、他『貴金属利用技術』（日刊工業新聞社）２０１６年６月
・ステンレス協会『ステンレス便覧』２００７年４月
・日本鉛亜鉛需要協会『亜鉛ハンドブック』１９９４年７月
・菅沼克昭『鉛フリーはんだ付け入門』（大阪大学出版会）２０１３年６月

著者略歴

吉村泰治（よしむら・やすはる）
博士（工学）、技術士（金属部門）
略歴
　１９６８年生まれ
　１９９４年３月　芝浦工業大学大学院　工学研究科修了（金属工学専攻）
　同年４月　ＹＫＫ株式会社　入社
　２００４年９月　東北大学大学院　工学研究科博士後期過程修了（材料物性学専攻）
　２０１６年４月～ＹＫＫ株式会社　執行役員　工機技術本部　基盤技術開発部長
受賞歴
　社団法人　日本金属学会　第27回技術開発賞
　一般社団法人　日本材料学会　平成26年度技術賞
著書・執筆
　書籍『パパは金属博士！』（技報堂出版）２０１２年5月
　機械雑誌「ツールエンジニア」（大河出版）に「生活を支える金属いろはにほへと」を２０１３年４月より隔月連載中

銅のはなし

定価はカバーに表示してあります。

2019年8月25日　1版1刷発行　ISBN978-4-7655-4488-7 C1057

著　者　吉　村　泰　治
発行者　長　滋　彦
発行所　技報堂出版株式会社
〒101-0051　東京都千代田区神田神保町1-2-5
電　話　営　業（03）（5217）0885
編　集（03）（5217）0881
F A X（03）（5217）0886
振替口座　00140-4-10
http://gihodobooks.jp/

日本書籍出版協会会員
自然科学書協会会員
土木・建築書協会会員

Printed in Japan

装幀：浜田晃一　印刷・製本：昭和情報プロセス

落丁・乱丁はお取り替えいたします。